数据资产系列丛书

刘云波　总主编

数据要素基础设施

构筑数字经济时代的基石

石午光　吕　雯◎编著

北京大学出版社
PEKING UNIVERSITY PRESS

内 容 简 介

数字经济时代，数据已经成为关键生产要素。本书结合全球视角与中国国情，深度剖析了数据基础设施的构成、运行机制、技术支撑体系及政策法规环境，旨在帮助读者精准把握数据要素基础设施的内在逻辑和发展趋势，提高驾驭数字经济的能力，精准把握数字时代脉搏。本书详细介绍了数据采集、存储、传输、计算、交换和治理等环节的数据要素基础设施建设要点，重点探讨了大数据、云计算、区块链、隐私计算、人工智能等前沿技术在数据要素基础设施建设中的深度融合和创新应用，辅以实际案例分析，揭示数据要素基础设施对数字经济高质量发展的重大意义。

本书可作为高校大数据科学、大数据技术、大数据管理与应用、企业管理等相关专业的配套教材，也可作为企事业单位管理人员、数据资产和数据要素从业者、财务会计人员、大数据从业人员的培训教材。

图书在版编目(CIP)数据

数据要素基础设施：构筑数字经济时代的基石 / 石午光，吕雯编著. --北京：北京大学出版社，2025.1. --（数据资产系列丛书）. -- ISBN 978-7-301-35756-9

Ⅰ. TP308

中国国家版本馆 CIP 数据核字第 2024KK7791 号

书　　名　数据要素基础设施：构筑数字经济时代的基石
SHUJU YAOSU JICHU SHESHI:GOUZHU SHUZI JINGJI SHIDAI DE JISHI
著作责任者　石午光　吕　雯　编著
策 划 编 辑　李　虎　郑　双
责 任 编 辑　李斯楠　郑　双
标 准 书 号　ISBN 978-7-301-35756-9
出 版 发 行　北京大学出版社
地　　址　北京市海淀区成府路 205 号　100871
网　　址　http://www.pup.cn　新浪微博：@北京大学出版社
电 子 邮 箱　编辑部 pup6@pup.cn　总编室 zpup@pup.cn
电　　话　邮购部 010-62752015　发行部 010-62750672　编辑部 010-62750667
印 刷 者　三河市北燕印装有限公司
经 销 者　新华书店
730 毫米×1020 毫米　16 开本　9.75 印张　150 千字
2025 年 1 月第 1 版　2025 年 1 月第 1 次印刷
定　　价　39.00 元

数据资产系列丛书
编写委员会

（按姓名拼音排序）

推 荐 序 一

随着全球数字经济的快速发展，数据作为一种新型生产要素，正成为推动全球经济结构转型和全球价值链重塑的战略资源，也是国际竞争的制高点。我国政府高度重视数字经济发展和数据要素的开发应用，国家层面出台了一系列政策，大力推动数据要素化和数据资产化进程。在这一时代背景下，如何有效管理和利用数据资源或数据资产，成为各行各业亟须解决的重大课题。

数据具备不同于传统生产要素的独特价值。数据的广泛运用，将推动新模式、新产品和新服务的发展，开辟新的经济增长点。更重要的是，数据的广泛运用带来的是效率的提升，而不是简单的规模扩张。例如，共享单车的兴起并未直接带来自行车产量的增长，但却显著提升了资源的使用效率。这种效率提升，是数字经济最核心的贡献，也是高质量发展所追求的目标。

数字经济发展不仅需要技术创新，还需要战略引领和政策支持。没有战略的引领，往往会导致盲目发展，最终难以实现预期目标。中国在数字经济领域的成功经验表明，技术创新和商业模式创新相辅相成，数字产业化与产业数字化同步推进。国家制定数字经济发展战略要因地制宜，不可照搬他国模式，也不能搞“一刀切”。战略引领和政策支持都必须遵循数字经济发展的规律，因此，要不断深化对数字经济的研究。

数据要素化是世界各国共同面对的新问题，有大量的理论问题和政策问题需要回答。当前，各国在数据管理、政策制定及监管方面，仍面临诸多挑战。例如，如何准确衡量数据资产的价值，如何确保数据跨境流动的安全与合规，都是摆在各国政府和企业面前的难题。对我国而言，没有信息化就没有现代化，没有网络安全就没有国家安全，在发展数字经济的同时，必须保证信息安全。因此，在制定数据收集、运用、交易、流动相关政策时，始终要坚持发展与安全并重的原则。

创新数字经济的监管同样需要研究新问题。随着数据的广泛应用，隐私保护、数据安全以及跨境流动的合规性问题变得愈加复杂。各国在探索数字经济监管体系时，必须坚持市场主导和政府引导相结合的原则，确保监管体系的适应性、包容性和安全性。分类监管是未来监管体系创新的重要方向。针对不同类型的数据，根据其对经济和安全的不同影响，创新监管方式，既要便利数据的有序流动，也要确保安全底线。

北京大学出版社出版的《数据资产系列丛书》，系统总结了数字经济发展的政策与实践，对一系列前沿理论问题和方法进行了探讨。本丛书不仅从宏观层面讨论了数字经济的发展路径，还结合大量的实际案例，展示了数据要素在不同行业中的具体应用场景，为政府和企业充分开发和利用数据提供了参考和借鉴。通过阅读本丛书，从数据的收集、存储、安全流通、资产入表，到深入的开发利用，读者将会有更加全面的了解。期待本丛书的出版为我国数字经济健康发展作出应有的贡献。

是为序。

国务院发展研究中心副主任

隆国强

推荐序二

随着全球产业数字化、智能化转型的深度演进，数据的战略价值愈发重要。作为新型生产要素，数据除了是信息的集合，还可以通过分析、处理、计量或交易成为能够带来显著经济效益和社会效益的资产。在这一背景下，政策制定者、企业管理者和学术界，都在积极探索如何高效管理和利用数据资产，以实现高质量发展。从整个社会角度看，做好数据治理，让数据达到有序化、合规化，保障其安全性、隐私性，进一步拓宽其应用场景，可以更好地为经济赋能增值。对于企业而言，数据作为核心资源，具有与传统有形资产显著不同的特性。它的共享性和非排他性使得数据资产管理更加复杂，理解并掌握数据资产的管理和使用方法及其价值创造方式，有助于形成企业自身的数据治理优势，能够提高企业的市场竞争力。正如我曾在多个场合提到的，数据资产的管理不仅是一个技术问题，更涉及政策、法律和财务领域的多方协作。因此，科学的管理体系是企业有效利用数据资产、提升经济效益的基础。

北京大学出版社《数据资产系列丛书》的出版，为这一领域提供了宝贵的理论支持与实践指导。本丛书不仅详细介绍了数据资产管理的基本理论，还结合大量实际案例，展示了数据资产在企业运营中的广泛应用。丛书在数据资产的财务处理、规范应用以及数据安全等方面，均进行了大量有益探索。在财务处理方面，企业需要结合数据的独特属性，建立适应数据资产的财务管理制度和管理体系。这不仅需要考虑数据的质量、时效性和市场需求，还需要构建符合数据资产特性的确认、计量和披露要求，以确保其在企业财务报表中的科学反映，帮助企业更好地将数据资产纳入其整体财务管理框架。在法律与政策层面，国家近年来出台了一系列法规，明确了数据安全、隐私保护及数据交易流通的基本规范。这些法规为企业和政府部门在数据资产管理中的合法合规提供了保障。在数据交易流通日益频繁的背景下，如何确保数据安全、完善基础设施建设，成为政府和企业必须面对的挑战，丛书在这些方面的分析和探讨均有助于引导读者对数据资产进行进一步的研究探索。

本丛书不仅适用于政策制定者、企业管理者和财务管理人员，也为学术界提供了深入研究数据资产管理的丰富素材。丛书从理论到实践，对数据资产的综合管理进行了系统整理和分析，可以帮助更多的企业、相关机构在数字经济时代更好地利用数据要素资源。我相信，随着数据资产管理制度体系的逐步完善，数据将进一步发挥其在资源配置、生产效率提升及经济增长中的重要作用。企业也将在这一过程中，通过科学的管理和有效的应用，进一步提升其市场竞争力，实现更高水平的发展与转型。

中国财政科学研究院副院长

徐玉德

推荐序三

数据作为重要的生产要素，其价值日益凸显，已成为推动国民经济增长、技术创新与社会进步的关键要素。数据从信息的集合转变为可持续开发的资源，这不仅改变了企业的运营模式，也对全球经济发展路径产生了深远的影响。中国作为世界第二大经济体也是数据大国，近年来积极探索数据要素化的路径，推进数据在安全前提下的国际流动，推动全球数字经济有序健康发展。在这个过程中，如何科学地管理、评估与运营数据资产，已成为企业、政府部门乃至国家进行数据管理的核心议题。

从政策层面上看，数据资产的管理和跨境流动涉及多个方面，包括数据隐私、安全性、合规性以及经济效益的最大化。为了规范数据的使用与流动，确保国家安全与经济发展，近年来，我国出台了一系列法律法规，如《中华人民共和国网络安全法》与《中华人民共和国数据安全法》。这标志着我国在数据要素化的进程中迈出了重要一步，为企业的数据资产管理提供了法律依据，确保数据在创造经济价值的同时，保持高度的安全性与合规性。同时，还为推动数字经济的高质量发展提供了法律和制度保障。

北京大学出版社《数据资产系列丛书》的出版，恰逢其时。本丛书系统地梳理了数据资产的概念、运营管理、入表及价值评估等关键议题，可以帮助企业管理者和政府决策部门从理论到实践，全面理解数据资产的开放与共享、运营与管理。本丛书不仅涵盖了数据资产管理的基本理论，还结合了大量的实际案例，展示了数据资产在不同行业中的应用场景。例如，在公共数据的管理与运营中，丛书通过具体的案例分析，详细地讨论了如何在数据开放与隐私保护之间取得平衡，确保公共数据的合理使用与价值转化。从公共数据资产运营管理的角度，丛书不仅为政府与公共机构提升服务水平、优化资源配置提供了新思路，还能够带来巨大的社会效益。丛书中特别提到，随着大数据技术的广泛应用，公共数据的应用场景日益多样化，从智慧城市建设到公共医疗服务，数据的价值正在各个领域得到充分体现。丛书通过对这些实践的深入分析，为企业与公共机构提供了宝贵的参考，帮助其在实际操作中最大化地发挥数据的内在价值。

在企业层面，如何将数据从普通的资源转化为具有经济价值的资产，是当前企业管理者面临的重大挑战。数据资产不同于传统的有形资产，它具有共享性、非排他性和高度的流动性。这意味着企业在管理数据时，必须采用与传统资产不同的管理方法和评估模型，数据资产的有效管理，不仅能够帮助企业提高运营效率，还能够显著提升其市场竞争力。通过对数据的全面收集、分析与应用，企业可以更加精准地把握市场需求，优化生产流程，进而实现经济效益的最大化。此外，数据资产的会计处理与价值评估，是数据资产管理中的核心环节之一。由于数据资产的无形性和动态性，使得传统的资产评估方法难以完全适用。丛书中分析了数据资产的独特属性，入表和价值评估的相关要求和操作流程，可以帮助企业在财务决策中更加科学地进行数据资产的评估与管理。另外，还可以帮助企业将数据资产纳入其整体财务管理体系，提升企业在市场中的透明度与公信力。

推动数字经济有序健康发展，不仅需要政策的支持，还需要企业的积极参与。通过阅读本丛书，读者将能够更加深刻地理解数据资产的管理框架、财务处理规范及其在经济增长中的关键作用，并且在公共数据资产运营、数据安全、隐私保护及数据价值评估等方面，获得系统的指导。

总之，数字经济的迅猛发展，给全球经济带来了新的机遇与挑战。数据资产作为核心资源，其管理与运营将直接影响企业的长远发展。我相信，本丛书不仅为企业管理者提供了宝贵的实践经验，还将推动中国数字经济持续健康稳定发展。

全国政协委员、北京新联会会长、中国资产评估协会副会长

北京中企华资产评估有限责任公司董事长

权忠光

丛书总序

2019 年 10 月 31 日，中国共产党第十九届中央委员会第四次全体会议通过《中共中央关于坚持和完善中国特色社会主义制度 推进国家治理体系和治理能力现代化若干重大问题的决定》，提出要健全劳动、资本、土地、知识、技术、管理、数据等生产要素由市场评价贡献、按贡献决定报酬的机制，“数据”首次被正式纳入生产要素并参与分配，这是一项重大的理论创新。2020 年 3 月 30 日，中共中央、国务院发布《中共中央、国务院关于构建更加完善的要素市场化配置体制机制的意见》，将数据与土地、劳动力、资本、技术等传统要素并列成为五大生产要素。《中共中央、国务院关于构建数据基础制度更好发挥数据要素作用的意见》提出要根据数据来源和数据生成特征，分别界定数据生产、流通、使用过程中各参与方享有的合法权利，建立数据资源持有权、数据加工使用权、数据产品经营权等分置的产权运行机制。鼓励公共数据在保护个人隐私和确保公共安全的前提下，按照“原始数据不出域、数据可用不可见”的要求，以模型、核验等产品和服务等形式向社会提供，实现数据流通全过程动态管理，在合规流通使用中激活数据价值。

可以预期，数据作为新型生产要素，将深刻改变我们的生产方式、生活方式和社会治理方式。随着数据采集、治理、应用、安全等方面的技术不断创新和产业的快速发展，数据要素已成为国民经济长期增长的内生动力。从广义上理解，数据资产是能够激发管理服务潜能并能带来经济效益的数据资源，它正逐渐成为构筑数字中国的基石和加速数字经济飞跃的关键战略性资源。数据资产的科学管理将为企业构建现代化管理系统，提升企业数据治理能力，促进企业战略决策的数据化、科学化提供有力支撑，对于企业实现高质量发展具有重要的战略意义。数据资产的价值化是多环节协同的结果，包括数据采集、存储、处理、分析和挖掘等。随着技术的快速发展，新的数据处理和分析技术不断涌现，企业需要更新和完善自身的管理体系，以适应数据价值化的内在需求。数据价值化将促使企业提升数据治理水平，完善数据管理制度，建立完善的数据治理体系；企业还需要打破部门壁垒，实现数据的跨部门共享和协作。随着技术的高速发展，大数据、云计算、人工智能等技术的应用日益广泛，数据资产的价值正逐渐被不同行业的企业所认识。然而，相较于传统的资产类型，数据资产的特性使得其在管理、价值创造与会计处理等方面面临诸多挑战，提升数据资产的管理能力是产业数字化和数据要素化的关键，也是提升企业核心竞争力和发展新质生产力的必然选择。我们需要在不断研究数据价值管理理论的基础上，深入开展数据价值化实践，以有效释放数据资产的价值并推进数字经济高质量发展。

财政部2023年8月印发《企业数据资源相关会计处理暂行规定》，标志着“数据资产入表”正式确立。2023年9月8日，在财政部指导下，中国资产评估协会印发《数据资产评估指导意见》，为数据资产价值衡量提供了重要标准尺度。数据资产入表的推进为企业数据资产的价值管理带来新的挑战。数据资产入表不仅需要明确数据资产确认的条件和方式，还涉及如何划定数据资产的边界，明确会计核算的范围，这是具有一定挑战性的任务。最关键的是，数据资产入表只是数据资源资产化的第一步。同时，数据资产的价值评估已成为推动数据资产化和数据资产市场化不可或缺的重要环节之一。由于数据资产的价值在很大程度上取决于其在特定应用场景中的使用，现实情况中能够直接带来经济利益流入的应用场景相对较少，如何对数据资产进行合理和科学的价值评估，也是资产评估行业和社会各界所关注的重要议题，需要深入进行理论研究并不断总结最佳实践。

数据资产化将加速企业数字化转型，驱动企业管理水平提升，合规利用数据资源。数据资产入表将对企业数据治理水平提出挑战，企业需建立和完善数据资产管理体系，加强数字化人才的培养，有效地进行数据的采集、整理，提高数据质量，让数据利用更有可操作性、可重复利用性。企业管理层将会更加关注数据资产的管理和优化，强化数据基础，提高企业运营管理水平，助力企业更好地遵循相关法规，降低合规风险，注重信息安全。通过对数据资产进行系统管理和价值评估，企业能够更好地了解自身创新潜力，有助于优化研发投资，提高业务的敏捷性和竞争力，推动基于数据资产利用的场景创新并激发业务创新和组织创新。因此，需要就数据资源的内容、数据资产的用途、数据价值的实现模式等进行系统筹划和全面分析，以有效达成数据资源的资产化实现路径，并不断创新数据资产或数据资源的应用场景，为企业和公共数据资产化和资本化的顺利实现，通过数据产业化发展地方经济，构建新型的数据产业投融资模式，以及国民经济持续健康发展打下坚实的基础。

数据要素在政府社会治理与服务，以及宏观经济调控方面也扮演着关键角色。数据要素的自由流动提高了政府的透明度，增强了公民和政府之间的信任，同时有助于消除“数据孤岛”，推动公共数据的开放共享。来自传统和新型社交媒体的数据可以用于公民的社会情绪分析，帮助政府更好地了解公民的情感、兴趣和意见，为公共服务对象的优先级制定提供支持，提升社会治理水平和能力。还可以对来自不同公共领域的数据进行相关性分析，有助于政府决策机构进行更准确的经济形势分析和预测，从而促进宏观经济政策的有效制定。公共数据也具有巨大的经济社会价值，2023年12月31日国家数据局等17个部门联合印发《“数据要素×”三年行动计划（2024—2026年）》，提出要以推动数据要素高水平应用为主线，以推进数据要素协同优化、复用增效、融合创新作用发挥为重点，强化场景需求牵引，带动数据要素高质量供给、合规高效流通，培育新产业、新模式、新动能，充分实现数据要素价值。2023年12月31日，财政部印发《关于加强数据资产管理的指导意见》，明确指出要坚持有效市场与有为政府相结合，充分发挥市场配置资源的决定性作用，支持用于产业发展、行业发展的公共数据资产有条件有偿使用，加大政府引导调节力度，探索建立公共数据资产开发利用和收益分配机制。我们看到，大模型已在公共数据开发领域发挥着显著的作用。

数据要素化既有不少机遇也有许多挑战，当前在数据管理、数据安全及合规监管方面还有大量的理论问题、政策问题以及具体的实现路径问题需要回答。例如，如何准确衡量数据资产的价值，如何确保数据交易流动的安全与合规，利益的合理分配，数据资产的合理计量和会计处理，都是摆在政府和企业面前的难题。在这样的背景下，北京大学出版社邀请我组织编写《数据资产系列丛书》，我深感荣幸与责任并重。我们生活在一个信息飞速发展的时代，每一天都有新的知识、新的观点、新的思考在涌现。作为致力于传播新知识、启迪思考的丛书，我们深知自己肩负的使命不仅仅是传递信息，更是要引导读者深入思考，激发他们内在的智慧和潜能。在筹备丛书的过程中，我们精心策划、严谨筛选，力求将最有价值、最具深度的内容呈现给读者。我们邀请了众多领域的专家学者，他们用自己的专业知识和独特视角，为我们解读相关理论和实践成果，让我们得以更好地理解那些隐藏在表象之下的智慧和思考。本丛书不仅是对数据要素领域理论体系的一次系统梳理，也是对现有实践经验的深度总结。在未来的数字经济发展中，数据资产将扮演越来越重要的角色，希望这套丛书能成为广大从业人员学习、参考的必备工具。

我要感谢本丛书的作者团队。他们在繁忙的工作之余，收集大量的资料并整理分析，贡献了他们的理论研究成果和丰富的实践经验，他们的智慧和才华，为丛书注入了独特的灵魂和活力。

我要感谢北京大学出版社的编辑和设计团队。他们精心策划、认真审阅、精心设计，他们的专业精神和创造力，为丛书增添了独特的魅力和风采。

我还要感谢我的家人和朋友们。他们一直陪伴在我身边，给予我理解和支持，让我能够有时间投入到丛书的协调和组织工作中。

最后，我要再次向所有为丛书的出版作出贡献的人表示衷心的感谢，是你们的努力和付出，让丛书得以呈现在大家面前；我们也将继续努力，为大家组织编写更多数据资产系列书籍，为中国数字经济的发展作出应有的贡献。

中国资产评估协会数据资产评估专业委员会副主任

北京中企华大数据科技有限公司董事长

刘云波

前　言

在数字化浪潮席卷全球的今天，我们迎来了一个前所未有的数字经济时代。在这个时代，数据作为最宝贵的资源，是推动经济社会发展的核心动力。数据要素基础设施，作为构筑数字经济时代的基石，不仅承载着数据的采集、存储、处理、传输和应用，更在引领产业升级、促进经济增长、增强创新能力等方面发挥着至关重要的作用。

数字经济，顾名思义，是以数字化的知识和信息为关键生产要素，以现代信息网络为重要载体，以信息技术的创新为核心驱动力，以不断涌现的新业态、新模式为重要引领，旨在加速重构经济发展与政府治理模式的新型经济形态。随着云计算、大数据、人工智能、区块链等新一代信息技术的迅猛发展，数字经济正在以前所未有的速度和规模向前推进，深刻地改变着人们的生活方式、工作方式乃至思维方式。

在数字经济时代，数据作为关键生产要素的重要性日益凸显。数据不仅是企业决策的重要依据，更是国家竞争力的重要体现。谁能更好地掌握和利用数据，谁就能在激烈的国际竞争中占据先机。因此，加强数据要素基础设施的建设和管理，提升数据的采集、存储、处理、传输和应用能力，已经成为摆在我们面前的一项紧迫且重要的任务。

本书旨在全面介绍数据要素基础设施的相关知识，深入剖析数字经济时代的特征与趋势，为数据要素关注者提供一份系统的学习资料。全书共分为八章，第 1 章简要介绍了数字经济时代的到来与数据的价值、个人在数字经济中的角色塑造与职责；第 2 章至第 5 章分别对数据要素基础设施的构成、技术支撑体系的深度融合、政策法规环境与数据安全等方面进行了详细阐述；第 6 章和第 7 章则通过案例分析的方式探讨了数据要素基础设施对数字经济的影响；第 8 章对全书的主要观点进行了总结与回顾，并对数据要素基础设施的未来发展趋势进行了展望。

本书的编写目的主要有三个：一是帮助读者全面了解数据要素基础设施的相关知识；二是引导读者深刻认识数字经济时代的特征与趋势；三是为读者提供推动数字经济发展的思路和方法。希望本书能够为想学习数字经济知识的人提供参考，为推动数字经济发展贡献一份力量。

编者

2024 年 9 月

目　录

第 1 章　绪论 1

1.1　数字经济时代的到来与数据的价值 2

1.1.1　数字经济的界定与特征描绘 2

1.1.2　数字经济的构成支柱与核心资源 3

1.1.3　数字经济的多元化领域探索 3

1.1.4　数字经济的发展趋势 4

1.1.5　数据作为生产要素的重要性 5

1.1.6　数据要素基础设施的重要性 6

1.1.7　数据要素基础设施的预期效果 7

1.2　个体在数字经济中的角色塑造与职责 8

1.2.1　个体对数据要素基础设施的理解 8

1.2.2　个体在推动数字经济发展中的责任 9

1.2.3　个体推动数字经济发展的实践指引 10

第 2 章　数据要素基础设施概述 13

2.1　数据要素基础设施的定义与作用 14

2.1.1　数据要素基础设施的基本概念 14

2.1.2　数据要素基础设施的功能 15

2.1.3　数据要素基础设施在数字经济中的核心职能与作用 16

2.2　数据要素基础设施的发展历程与价值 18

2.2.1　数据要素基础设施的发展历程 18

2.2.2　数据要素基础设施的价值 19

2.3　数据要素基础设施的发展趋势与挑战 20

2.3.1　数据要素基础设施的发展趋势 20

2.3.2　数据要素基础设施建设面临的挑战 21

第 3 章 数据要素基础设施的构成 23
3.1 数据采集层 24
3.1.1 数据采集的主要技术与工具介绍 24
3.1.2 数据采集的策略与实施方法探讨 28
3.2 数据存储层 29
3.2.1 数据存储技术的分类与特点 29
3.2.2 数据存储的安全与保障措施 30
3.3 数据处理层 32
3.3.1 数据清洗与整合的流程与技术 32
3.3.2 数据挖掘与分析的方法与应用 34
3.4 数据传输层 36
3.4.1 数据传输技术的原理与分类 37
3.4.2 高效数据传输的策略与实践 39
3.5 数据应用层 40
3.5.1 数据可视化技术的原理与应用 40
3.5.2 大数据在决策支持中的应用案例 42

第 4 章 数字技术支撑体系的深度融合 45
4.1 区块链技术 46
4.1.1 区块链与信任构建的基础 46
4.1.2 区块链在信任构建中的应用 47
4.1.3 区块链对信任构建的深远影响 48
4.1.4 区块链在信任构建中面临的挑战 49
4.1.5 区块链与数字经济的深度融合 51
4.1.6 区块链技术的未来展望 52
4.2 隐私计算技术 54
4.2.1 隐私计算技术概述 54
4.2.2 隐私计算技术的优势 55
4.2.3 隐私计算技术在数据保护中的应用 56
4.2.4 隐私计算技术的挑战与前景 57
4.3 大模型技术 62
4.3.1 大模型技术的发展概述 62
4.3.2 大模型技术的基础与原理 63

4.3.3 大模型技术智能化处理应用详解 65
4.3.4 大模型技术的挑战与前景 68
4.4 数字技术的典型应用 73
4.4.1 智能推荐系统 73
4.4.2 智能制造 74
4.4.3 智能金融 75

第5章 政策法规环境与数据安全 79

5.1 数据要素基础设施相关的政策法规解读 80
5.1.1 国家层面的政策导向与支持措施 80
5.1.2 地方政府的数据政策与实践案例 83
5.2 数据安全与隐私保护的法律要求 85
5.2.1 数据保护的法律框架与规定 85
5.2.2 数据泄露的预防与应对措施 87
5.3 数据治理策略 90
5.3.1 数据治理的重要性与实践 91
5.3.2 数据合规与治理体系的具体方法构建 92

第6章 数据要素基础设施建设案例分析 95

6.1 国际数据要素基础设施建设 96
6.1.1 新加坡数据要素基础设施建设的“智慧国家”计划 96
6.1.2 德国的数据战略 97
6.1.3 欧洲云计划“Gaia-X” 98
6.2 国内数据要素基础设施建设 99
6.2.1 国内数据要素基础设施建设概述 99
6.2.2 北京城市副中心数字经济标杆案例 101
6.2.3 无锡市城市数字底座服务 103
6.2.4 贵州省方舆数字底座服务 105
6.3 经验分析和政策建议 106

第7章 数据要素基础设施对数字经济的影响 111

7.1 数据要素基础设施与经济增长的关系 112
7.1.1 数据要素基础设施对经济增长的推动作用 112
7.1.2 经济增长对数据要素基础设施的反馈效应 114

7.2 数据要素基础设施在产业升级中的作用 116
7.2.1 数据要素基础设施对传统产业的改造与升级 116
7.2.2 数据要素基础设施对新兴产业的培育与发展 118
7.3 数据要素基础设施对创新能力的影响 120
7.3.1 数据要素基础设施对科技创新的支撑作用 120
7.3.2 数据要素基础设施对创新生态的塑造与影响 121
第 8 章 结论与展望 125
8.1 本书主要观点总结与回顾 126
8.1.1 数据要素基础设施的重要性与价值 126
8.1.2 本书研究的主要发现与结论 127
8.2 数据要素基础设施的未来发展趋势 128
8.2.1 数据要素基础设施与技术创新的演进方向 128
8.2.2 新型数据要素基础设施的形态与特点预测 130
8.3 推动数据要素基础设施建设与管理的建议与展望 131
8.3.1 加强数据要素基础设施建设与管理的建议 131
8.3.2 培养数据思维，推动数字经济发展 132
参考文献 135
后记 137

第 1 章

绪　论

1.1 数字经济时代的到来与数据的价值

在信息技术革命的澎湃浪潮中，数字经济时代是一个以数据为轴心要素的新纪元。数据不再仅仅是信息的简单承载体，而是跃升为驱动价值创造与经济繁荣的战略资源。在这一时代背景下，数据的重要性被赋予前所未有的高度，它既是撬动经济增长的杠杆，也是社会进步与产业升级的关键催化剂。

1.1.1 数字经济的界定与特征描绘

数字经济，这一划时代概念标志着一种革命性的经济模式跃然而出，其中心逻辑在于将数字化的知识与信息提升为关键生产要素，并借助数字技术创新的强大推力，在先进信息网络的基础上，促成数字领域与实体产业的深度融合。这一融合不仅重塑了经济结构的面貌，加快了传统行业的数字化与智能化的转型步伐，亦为政府治理挖掘出了一个崭新的策略蓝海，引领经济与社会步入一个前所未有的发展航道。

数字经济的显著特征可归纳如下。

（1）数据，经济增长的新轴心要素。在数字经济的广阔天地里，数据是核心驱动力，它如同“双涡轮增压引擎”，同步激发创新潜能与效率提升，为经济增长开辟了新的航路。

（2）创新，经济社会持续演进的“推进器”。数字技术的不断创新为经济社会的持续演进提供了理论根基。它如同“灯塔”，不仅照亮了经济社会当前的发展道路，更预示了其未来发展的无限可能。

（3）跨界整合，经济新生态的“催化剂”。数字技术跨越行业边界，深度渗透至社会各个角落，消弭传统壁垒，催生出一系列前所未有的经济业态与模式，加速了经济结构的迭代与升级。

（4）开放共享，协同经济生态系统的构建。数据的自由流动与资源共享优化了资源配置效率，发展出一个合作共赢的数字经济生态系统。

1.1.2 数字经济的构成支柱与核心资源

数字经济的构成支柱与核心资源为数据、算法、算力。

数据是数字经济的“生命线”与“智慧源泉”。在数字经济的浩瀚图景中，数据处于基础性地位，既是血脉也是智慧的基石。数据的质量与规模直接影响经济行为的效率及智能决策的精确性，也是开发商业新价值、激发新兴商业模式的关键所在。

算法是解码数据宝藏的“密钥”与“智慧中枢”。精密算法使我们得以深入探索“数据海洋”，进行深度分析与前瞻性预测，将原始数据转换为透视市场动向、优化管理策略、辅助精准决策的珍贵知识。算法的不断精进拓展了认知与改造世界的疆界，算法成为数字经济持续演进的核心动力之一。

算力是数字经济运算需求的稳固支撑。算力，即数据处理与解析的效能，构成了数字经济运作的实体基座与科技引擎。从基础设施到尖端计算平台，算力覆盖广泛。伴随云计算、边缘计算、高性能计算等技术的不断出现，算力已实现质的飞跃，这不仅极大扩展了数据处理的维度与深度，更为复杂数学模型的即时运算和大规模数据应用的普及奠定了稳固的基础，为数字经济的发展注入了源源不断的能量。

此三者，数据、算法、算力，如同数字经济体内的“DNA”，交织共生，不仅揭示了数据采集与应用的复杂性，还勾勒出了一个智能驱动、高效运行且持续进化的数字经济时代。

1.1.3 数字经济的多元化领域探索

数字经济，这一全方位渗透并重塑全球经济肌理的新兴经济形态，展现出了一幅丰富多彩且层次分明的“画卷”，该“画卷”描绘了众多关键领域的突破性进展。这其中包括电子商务的爆发式增长，依托互联网平台，重新绘制了商品与服务流通的版图；智能制造的深化实践，借力物联网与大数据的精准分析，优化生产链路，实现效率与灵活度的双重飞跃；智慧金融的前沿创新，利用区块链及人工智能的强大力量，定制个性化服务，开启金融智能新时代；智慧医疗的变革浪潮，凭借远程医疗与智能诊断技术，极大提升了医疗服务的可及性与质量，扩大了健康护理的边界。上述领域的突破性进展，无不基于对数据的深度挖掘与高效运用，生动诠释了数据作为新时代核心生产要素的无穷潜力与价值。

数字经济的澎湃浪潮，不仅深刻改变了经济活动的面貌，还在社会结构、技术创新乃至全球经济的发展中产生了深远的影响。在社会层面，它促进了信息的自由流通，促进了知识的共享，加速了教育资源与医疗健康的普及，增强了公民的社会参与能力。在经济层面，数字经济激发了经济增长，催生了大量就业岗位，引领了产业结构的优化与升级，提高了全球经济发展的效率。在科技层面，它成为云计算、大数据、人工智能等前沿技术的孵化器，进一步加快了科技创新的步伐，为人类社会铺展了一条前所未有的变革之路，引领我们进入一个智能、高效、可持续发展的新时代。

1.1.4 数字经济的发展趋势

置身于科技进步日新月异的时代洪流之中，数字经济正快速勾勒全球经济的未来图景。确立数据为关键生产要素的基础后，对数据的确权、流转及使用的规范性提出了要求，并使数字经济展现出以下几大显著发展趋势。

（1）加速演进的数字化、网络化与智能化浪潮。

数字技术的迭代创新不断加速推进经济社会的全面数字化、网络化进程，并深度推进经济社会的智能化转型。这一趋势不仅引领了新兴产业的蓬勃发展，更为传统产业的升级提供了强大动能。未来，数字经济将深度融入社会经济结构，通过效能跃升、资源优化配置与创新驱动，为经济发展注入崭新的生命力。

（2）数字经济与实体经济的深度融合与共创。

数字经济与实体经济的深度融合已成为时代不可逆转的主旋律，不仅促进了产业的数字化转型与数字产业生态的构建，也有力地推动了经济体系的结构升级与质效提升。实体领域在数字技术的赋能下，正逐步迈向智能化运营、网络化协同与服务化转型的新阶段，这不仅重塑了消费体验，还实现了服务的个性化、高效化与便捷化。

（3）数字经济全球化中的广阔视野与互利共赢。

在经济全球化的背景下，数字经济的全球化特征日益凸显，数字技术跨越地域限制，成为构建起全球经济的紧密联系与协同发展的桥梁。这一进程不仅促进了世界范围内的资源优化配置与市场拓展，还为跨国企业开辟了灵活合作、高效运营与便捷交流的新路径，共同绘制出一幅全球经济深度融合与互利共赢的新蓝图。

综上所述，数字经济正以数据确权与有效利用为核心，沿着数字化深化、跨界融合与全球化扩展的轨迹，持续引领全球经济的未来走向与深刻变革。

1.1.5 数据作为生产要素的重要性

步入数字经济的新纪元，数据已成为超越传统资本范畴的关键生产要素，为经济增长与社会演进铺设了不可估量的“价值轨道”。其重要性具体体现在以下几个关键维度上。

（1）数据资源，经济增值的新兴“矿藏”。

作为信息的集大成者，数据潜藏着无尽的商业智慧与价值潜力。通过精细的数据挖掘与分析，企业能够精准捕捉市场动态与顾客需求，为决策制定提供科学依据，增强竞争优势；数据本身也可以演化为高价值的商品形态，在交易流通中直接赋能企业盈利，激发市场的无限活力。

（2）社会价值的多元化释放。

数据的影响力远不止于经济层面，其在社会价值创造中同样扮演着举足轻重的角色。政府凭借数据分析优化政策服务与城市治理，提升公共治理的智慧化水平；在科研领域则通过数据深潜，加速科学突破与技术创新，拓宽人类认知的边际；而跨领域的数据共享，则促进了信息的自由流动与知识的广泛传播。

（3）市场化配置，数据要素的高效能引擎。

面对数据资源的指数级增长与应用边界的不断拓展，其市场化配置机制成为释放数据潜能的关键。市场机制的精妙运作使数据资源布局得以优化，数据资源得以高效利用，最大化其内在价值。此过程不仅加速了数据流通、拓宽了交易的频度与深度，更是为数字经济的蓬勃兴盛与持续创新构筑了坚实基础。

（4）安全与治理，护航数据要素的健康发展。

伴随数据的广泛应用与自由流通，数据安全与治理的紧迫性日益凸显。确保数据的安全性、可信度成为维护数字经济生态健康发展的一道核心防线。这要求我们加强数据保护技术的研发部署，构建一套成熟的数据治理体系与监管框架，确保数据活动在合法、安全、可信的框架内有序开展，为数字经济的长期稳定与繁荣发展保驾护航。

综上所述，数据作为数字经济时代的关键生产要素，其价值的多维释放与合理配置，以及其安全与治理机制的建立健全，共同构成了推动数字社会全面进步与可持续发展的坚固基石。

1.1.6 数据要素基础设施的重要性

数据要素基础设施是支撑数字经济发展的关键架构，它不仅关乎数据的存储和传输，还涉及数据的处理、分析和应用。它可以提升数据处理的效率，保障数据的安全，以及促进数据的流通与共享。

（1）数据要素基础设施可以支撑数据的高效处理与应用。

在数字经济时代，数据的处理速度和应用效率直接关系到企业的竞争力和市场的响应速度。数据要素基础设施通过提供高性能的计算资源、更优化的数据处理流程和先进的数据分析技术，极大地提升数据处理的效率和应用的效果。

（2）数据要素基础设施可以保障数据的安全与隐私。

随着数据应用的广泛深入，数据安全和隐私保护问题也日益受到关注。数据要素基础设施通过采用先进的安全技术和严格的访问控制机制，确保数据在传输、存储和处理过程中的安全性，有效保护个人隐私和企业敏感信息。

（3）数据要素基础设施可以促进数据的流通与共享。

数据的价值在于流通与共享，而数据要素基础设施正是实现数据互联互通和共享交换的重要平台。通过标准化的数据接口和协议，以及高效的数据交换机制，数据要素基础设施能够打破数据孤岛，促进不同来源、不同格式的数据实现互联互通和共享利用。

1.1.7 数据要素基础设施的预期效果

构建数据要素基础设施预期将在多个层面带来显著的增益效果，这对于推动经济社会的数字化转型和实现高质量发展至关重要。

首先，在提升数据整合与融合的能力上，建设全面的数据汇聚基础设施将实现数据跨越层级、地域、系统、部门、业务乃至不同模态之间的无缝整合与融合，进而形成高质量的数据集。这一举措不仅能极大增强数据资源的供给能力，还能够提供更加丰富和精确的数据分析结果，为政府及企业的科学决策提供坚实的数据支持。

其次，在优化数据治理流程方面，健全的数据要素基础设施能够显著提升数据的质量，确保数据在整个生命周期内的合法性与合规性，同时也能挖掘出数据的最大潜能。高效的数据治理体系不仅有助于减少企业在信息技术与日常运营中的成本投入，提高运营效率，更能为企业创造实实在在的经济收益。特别是公共数据治理作为构建数据基础制度的重要一环，对于充分发挥数据要素的价值潜力，促进数据市场的健康发展具有不可替代的作用。

再次，在促进数据共享与应用方面，通过优化数据基础设施，确立统一且符合法律规定的数据交换标准以及相关管理措施，可以有效突破部门和地区之间的信息隔阂，解决“数据孤岛”问题。这将极大地提高全社会的信息发展水平，使得数据的价值能够在实际应用中得到充分释放，推动各行各业的创新与发展。

最后，在保障数据安全方面，强化数据基础设施的安全防护能力至关重要。它不仅能够为国家重要数据筑起一道自主可控的安全屏障，保护国家安全和社会稳定，还能确保个人隐私数据的安全，维护公民的基本权益。总之，数据要素基础设施的建设和完善是一个全方位、多角度的过程，它对加速经济社会数字化进程、提升国家竞争力具有深远的影响。

1.2 个体在数字经济中的角色塑造与职责

在数字经济的浪潮中，每一位参与者都承担着推动历史车轮前进的重任，无论是决策者、执行者还是普通公民，都在这场变革中都发挥着不可或缺的作用。本节旨在探讨如何深化对数据要素基础设施的理解，明确各自的职责，并探索实施路径，通过认知深化、责任明确与实践探索这三个维度，全面解读如何引领数字经济的发展航向，驾驭数据经济的浪潮，共创发展的新篇章。

1.2.1 个体对数据要素基础设施的理解

在数字化转型的浪潮中，数据要素基础设施被视作数字经济的基石，也是其发展的主要驱动力，具有巨大的价值与潜力。数据要素基础设施的意义不仅在于数据的存储、处理与传输，还在于能够构建一个智能、高效且安全的数字生态系统，为经济活动提供坚实的支撑。我们应当深入理解数据要素基础设施的战略意义，认识到它在数字经济增长中的枢纽地位，就如同石油在工业革命中的作用一样，数据正成为现代社会的宝贵资源。因此，每个个体都应致力于数据要素基础设施的建设和优化，以确保数字经济稳定增长。

在这个过程中，每一个个体都扮演着至关重要的角色。无论是数据科学家、工程师、政策制定者，还是普通用户，都在以不同的方式参与数据要素基础设施的建设和优化。数据科学家通过挖掘数据价值，为企业决策提供依据；工程师负责搭建和维护数据处理系统，确保其高效稳定运行；

政策制定者则需制定合理的法律法规，引导数据产业健康发展；而普通用户，在享受数据带来的便利的同时，也应增强数据安全意识，合理使用个人信息。每一个环节的协同合作，都是推动数字经济稳定增长的关键。

深入理解数据要素基础设施的战略意义，认识到它在数字经济增长中的枢纽地位，对于把握未来数字经济发展趋势至关重要。随着人工智能、区块链等新兴技术的不断成熟，数据的规模与复杂度将持续增加，对基础设施的要求也将更高。因此，持续投资于数据要素基础设施的建设，不断优化其性能与安全性，是确保数字经济长期稳定增长的必由之路。这不仅是政府和企业的责任，也是每个公民的义务，即共同构建一个开放、包容、安全的数据生态系统，为人类社会的可持续发展贡献力量。

1.2.2 个体在推动数字经济发展中的责任

每位参与者都是数字经济航程中的一员，肩负着重任，对于塑造数字经济的未来具有决定性影响。无论是规划者还是执行者，都需明确自己的角色，积极行动，引领数字经济向更加健康、可持续的方向发展。

（1）明确战略导向。个体应紧跟国家宏观政策的脚步，结合地方特色，洞察数字经济的发展趋势，设计出既有前瞻性又能落地生根的战略规划。这意味着，不仅要熟悉国家关于数字经济的顶层设计，还要深入了解所在地区的优势与特色，发掘潜在的数字经济增长点。例如，某地区的电子制造业发达，那么在战略规划中就可以重点考虑如何利用数字技术提升产业链的智能化水平，促进产业升级。通过这样的方式，既确保了规划的可行性，也保证了其与国家大政方针的协调一致，为数字经济的发展指明了清晰的路径。

（2）强化数据要素基础设施建设。数据要素基础设施是数字经济的基石，它承载着数据的流动，连接着数字经济中的每一个要素。作为个体，我们可以通过多种方式积极参与数据要素基础设施的建设与升级，如通过投资或者政策倡导进行参与。投资可以是直接的资金投入，用于建设数据中心、宽带网络等硬件设施；政策倡导则是通过向政府建言献策，推动出台有利于数据要素基础设施建设的政策。确保这些数据要素基础设施能够高效运行，使其成为数字经济稳健发展的坚实后盾，是每个个体的责任与使命。

（3）赋能产业升级。产业升级是数字经济发展的关键驱动力，它需要企业和科研机构的共同参与。个体可以是一针“催化剂”，激发企业与科研机构的创新活力，鼓励它们探索新技术、开发新产品和服务模式。这不仅包括对新技术的研究与应用，如人工智能、大数据分析等，也涉及商业模式的创新，如平台经济、共享经济等。通过加速产业升级，推动数字经济与传统经济进行深度融合，可以释放新的经济增长点。例如，一家传统制造企业通过引入工业互联网，实现了生产过程的数字化管理，大幅提高了生产效率和产品质量，同时也开辟了新的市场空间。

（4）构建稳固防线。在数字世界中，安全是不可忽视的一环，它关乎数字经济的稳定运行与用户的切身利益。每个人都应该参与到数字经济安全管理机制的建设中，无论是加强个人数据保护意识，还是参与网络安全防护体系建设。这包括但不限于，遵守数据安全法规，采用加密技术保护安全敏感信息，以及参与网络安全演练、提高应急响应能力。强化监管，提升风险防控意识，共同营造一个安全、健康的数字环境，是保障数字经济健康发展的重要一环。

1.2.3 个体推动数字经济发展的实践指引

数字经济的繁荣不仅需要宏观层面的规划与指导，更需要每一个个体的积极参与与实践。以下是具体的行动指南。

（1）深化理论与实践的融合。在数字经济的大环境下，个体的学习与成长十分重要。每个数字经济参与者都应主动学习数字经济领域的知识，关注其发展趋势。这不仅意味着要了解数据科学、人工智能、区块链等前沿技术，还要了解数字经济的商业模式、市场规律及其对社会的影响。通过持续学习，提升个人分析与解决问题的能力，使自己在数字经济的实践中更加游刃有余，既能敏锐捕捉机遇，又能有效应对挑战。例如，参加在线课程、阅读专业书籍、订阅行业报告，甚至是参与开源项目，都能显著增强个人在数字经济领域的竞争力。

（2）优化数据要素基础设施建设。数据要素基础设施是数字经济的命脉，它的建设和优化直接关系到数字经济的健康与安全。作为个体，我们可以通过多种方式参与其中。技术创新是最直接的途径，无论是开发新的数据处理算法，还是改进数据存储技术，都能为数据要素基础设施的升级贡献力量。此外，提出政策建议也是有效途径，通过向相关部门提交提案或参与公共讨论，可以促进更合理、更具前瞻性的政策出台，为数据要素基础设施的建设提供良好的外部环境。

（3）促进产研互动。数字经济的创新与发展，离不开产业界与学术界的紧密合作。个体可以通过参与各种研讨会、论坛和交流活动，成为连接产学研的"桥梁"。这些活动不仅提供了了解行业动态、技术趋势的机会，更重要的是，它们促进了知识与技术的共享，加速了创新成果的转化。例如，参加行业会议，可以结识志同道合的伙伴，共同探讨解决方案；参与技术沙龙，可以展示个人研究成果，获取反馈与建议；加入行业协会，可以更系统地了解行业规范，提升个人在数字经济领域的专业形象。

（4）培育与吸引人才并重。人才是数字经济持续发展的关键。个体可以通过参与教育项目、创办创业孵化器、提供实习机会等方式，为数字经济领域培养更多高素质人才。同时，还可以通过优化工作环境、提供职业发展路径、建立公平竞争机制等手段，吸引全球范围内的人才加入，共同推动数字经济的进步。例如，企业可以设立专门的培训计划，提升员工的数字技能；高校可以开设相关专业，培养复合型人才；政府则可以出台优惠政策，吸引海外人才回国发展。

总而言之，在数字经济的推进中，每个人都既是观察者也是参与者，既是受益者也是贡献者。通过集体的努力与智慧，我们可以共同打造坚实的数字经济基础，引领其走向高质量发展的未来，使之成为推动社会进步、增进民众福祉的强大动力。在这一过程中，每个个体的行动虽小，但汇聚起来的力量能共同书写数字经济的辉煌篇章。

第2章

数据要素基础设施概述

在当今信息技术飞速发展的时代，数据已经转化为一种宝贵的资源和一种新的生产要素，数据要素基础设施的建设与发展则成为这一资源能够被有效利用、释放价值的关键。数据要素基础设施不仅包含数据的存储和处理，还包含数据的采集、传输、安全以及应用等诸多环节。本章将从数据要素基础设施的定义、发展历程及发展趋势等方面展开讨论，以期让读者对数字基础设施有一个基础的理解。

2.1 数据要素基础设施的定义与作用

2.1.1 数据要素基础设施的基本概念

数据要素基础设施，作为数字经济的基石，是一个综合体系，既囊括了硬件、软件、网络等多元要素，也包括了相关法律法规等内容，这些内容不仅提供了数据传输、存储和处理的物理基础，而且确保了数据在其生命全周期中的高效管理和安全存储。数据要素基础设施不仅是数据传输、存储与处理的实体基础，也是建立良好的数据治理环境的基础架构。从技术的角度看，数据要素基础设施主要由以下几部分构成。

（1）数据采集与传输。

数据的旅程始于采集。数据的来源广泛，如物联网终端、社交媒体、企业数据库等。通过精密传感器与系统，原始数据被捕捉，随后，数据传输依托于有线或无线网络、标准化协议来确保数据安全、迅速地抵达目的地。在此环节中，数据压缩、加密与同步技术的运用，确保了数据流动的高效与安全并行不悖。

（2）数据安全存储。

数据存储，是数据要素基础设施的关键一环。面对数据量的爆炸性增长，需依赖不断演进的存储技术（如固态硬盘、分布式存储系统等）来容纳海量信息。安全可靠的数据仓库需具备高可用性、易扩展性及灾备恢复能力，辅以高效的数据索引技术与管理机制，以确保数据的快速访问与维护。

（3）数据处理与分析。

数据处理与分析，乃数据要素基础设施的“智慧心脏”，它是将原始数据净化、转化、聚合成决策的“金矿”。高性能计算技术，如大规模并行处理、分布式计算框架及机器学习算法，为数据的深度挖掘与趋势洞察提供了强大的技术支撑，加速了信息价值的提炼过程。

（4）数据应用接口与服务。

数据应用接口与服务，作为数据与业务应用间的桥梁，可以将底层数据转化为直观服务，促进企业创新与业务拓展。通过 API（Application Programming Interface，应用程序编程接口）管理平台、数据服务化与微服务架构，不仅可以简化数据应用的集成与部署流程，响应市场快速变化，还能赋予企业利用数据作为竞争优势的能力，以开拓新的业务领域。

综上所述，数据要素基础设施作为数字经济的根基，其复杂而精密的构成部件相互协作，共同支撑着数据的全链条运作，驱动数字经济稳步向前。

2.1.2　数据要素基础设施的功能

随着数字化、网络化、智能化的发展，数据要素基础设施在各行各业的应用越来越广泛，已经成为了经济社会数字化转型的关键驱动力。其功能体系可归纳为以下几部分，它们共同支撑起数据搜集、确权、流转与使用的复杂架构，推动数字经济的蓬勃发展。

（1）数据的整合与协同共享。

数据的整合与协同共享是数据要素基础设施的首要职责，它如同数据海洋中的“跨海大桥”，将散落于各个“岛屿”（系统与应用）的数据汇集起来，实现统一管理和协同共享。这一过程打破了信息孤岛的壁垒，还显著提升了数据的流通效率与利用价值，使得数据不再是静水深流，而是活水涌动。

（2）数据的高性能计算与海量存储。

数据的“洪流”中，数据要素基础设施充当着坚固的“堤坝”，提供高性能的计算力与海量存储空间。运用分布式计算、内存计算等先进技术，可以快速完成对海量数据的处理与分析。

（3）数据的安全与隐私护盾。

数据要素基础设施构建起“铜墙铁壁”，采用数据加密、访问控制、数据脱敏等手段，确保数据的机密性、完整性与可用性，犹如“贴身侍卫”，让数据在开放与共享中亦能安然无恙。

（4）数据的服务化便捷通道。

数据要素基础设施扮演着转化者的角色，将庞杂的数据资源转化成服务或接口，为上层应用铺设“直达快车道”，简化了数据的接入与使用。这一转化大大降低了数据应用开发的门槛，提升了数据的使用频率与价值，让数据流动得更为高效、便捷。

（5）数据的弹性扩展与容错机制。

面对数据量的指数级增长与数据形式的瞬息万变，数据要素基础设施展现出其灵活性与韧性，即通过分布式架构、容错机制等技术，保证了自身能弹性扩展与自我修复。无论数据如何“波涛汹涌”，数据要素基础设施皆能稳如磐石，确保数字经济航船行稳致远。

综上所述，数据要素基础设施以整合共享、高性能计算、安全隐私、服务便捷、弹性容错这五项功能体系为核心，构成了数字经济的坚实基座。

2.1.3 数据要素基础设施在数字经济中的核心职能与作用

在数字经济中，数据已成为新一代的生产力要素及宝贵资产，而数据要素基础设施则是激活这一要素潜能、实现数据高效利用的关键。下面概述了数据要素基础设施在数字经济中的核心职能与作用。

（1）驱动数字化革新与转型。

企业普遍视数字化转型为重塑竞争优势的战略支点。数据要素基础设施，作为强大后盾，赋予企业三大法宝——海量数据资源、高速数据处理引擎以及灵动的数据应用能力，合力推动企业跨越至数字新纪元，激发企业的创新动能。经过精细的数据剖析与挖掘，企业能洞察市场，精炼业务流程，提升产品与服务质量，紧贴乃至引领市场需求。

（2）赋能智慧决策与精益运营。

数据要素基础设施的赋能为企业在市场战略的布局、产品定位、供应链的智慧管理提供了强有力的支持。严谨的数据分析如同“灯塔”，指引着企业做出明智的决策。同时，对运营数据的持续监控与剖析，仿佛为企业安装了效率加速器，使其能迅速识别并排除障碍，实现运营效能的飞跃。

（3）孕育新兴业态与价值源泉。

数据要素基础设施不仅是传统产业提效的“催化剂”，还是创造新经济生态的“摇篮”。它依托大数据洞悉用户行为，引领个性化营销的新风尚；它利用物联网技术的即时数据捕捉与深度解析能力，为智能制造与智慧城市铺设道路；更开辟了数据交易与服务这一新的经济增长维度。

（4）促进社会效能跃升与公共服务优化。

在公共服务领域，数据要素基础设施同样展现出了其非凡的影响力。政府机构通过大数据的深度剖析，精准把握社会需求与痛点，为其量身定制公共服务方案。例如，交通数据的智能分析可为城市交通体系“舒筋活络”，缓解拥堵；对医疗数据的洞察分析，则有助于疾病防控与诊疗效能的提升。

（5）提高国家竞争力与加固安全防线。

上升至国家层面，数据要素基础设施的建设与管理水平直接影响到国家的全球竞争力与安全防护力。一个国家若拥有健全的数据要素基础设施，即意味着在科技研发、经济发展、社会治理等多维领域获得强有力的数据支撑与分析利器。同时，强化数据安全管控及个人隐私保护，是捍卫国家信息安全与公民隐私权益的有力保障。

2.2 数据要素基础设施的发展历程与价值

2.2.1 数据要素基础设施的发展历程

在数字经济飞速发展的浪潮中，数据要素基础设施不仅是数据汇聚、处理、流通、应用、运营及安全保障的全流程支撑，更是数字经济得以持续健康发展的基石。从最初的单一数据存储与传输开始，到现在伴随着大数据和人工智能等技术的演进，数据要素基础设施不断向智能化、高效化、安全化、可扩展化的方向发展，数据要素基础设施的每一次革新都深刻影响着数字经济的走向。

数据要素基础设施经历了以下几个发展历程。

（1）数据要素基础设施的雏形。

在计算机技术刚刚起步之时，数据要素基础设施已初具雏形。那时的数据中心多采用集中式架构，由众多大型服务器和网络设备组成。但受限于技术水平，这些数据中心在能耗、空间占用、维护成本等方面存在诸多问题。尽管如此，它们仍为数据的初步汇聚与传输提供了可能，为数据要素基础设施的后续发展奠定了基础。

（2）虚拟化与云计算的崛起。

随着虚拟化技术的不断发展，数据要素基础设施迎来了第一次重大变革。虚拟化技术通过将物理服务器虚拟化成多个虚拟机，极大地提高了资源利用率，同时也为云计算的兴起奠定了基础。云计算通过提供按需分配和弹性扩展的计算、存储和网络资源，使得数据中心能够更加灵活地响应业务需求，大大提高了数据的资源利用效率和灵活性。这一阶段的发展，使得数据要素基础设施在数据处理、存储和传输方面取得了质的飞跃。

（3）超融合基础设施的兴起。

进入新时代，超融合基础设施的兴起成为数据要素基础设施发展的重要趋势。超融合基础设施将计算、存储和网络等资源集成在一起，形成一个整体化的系统。这种设计不仅简化了数据中心的架构和管理，还显著提升了系统性能和可靠性，为数据要素基础设施的发展开拓了新的视角。超融合基础设施的兴起，标志着数据要素基础设施向智能化、高效化方向迈出了坚实的一步。

（4）边缘计算与物联网的融合。

随着物联网的兴起和边缘计算的发展，数据要素基础设施正面临着前所未有的挑战和机遇。边缘计算通过将计算和存储资源推向用户和设备的边缘，实现了低延迟和高带宽的数据处理。此时的数据中心不再是传统意义上的中心化架构，而是由大量的边缘节点组成的分布式架构。这不仅对数据中心的网络安全和管理提出了更高的要求，也为数据要素基础设施在数字经济中的应用开辟了新的领域。

回顾数据要素基础设施的发展历程，我们可以看到它从单一到多元、从集中到分布、从低效到高效的转变。面向未来，数据要素基础设施将继续在智能化、高效化、安全化等方面不断改进和优化，为数字经济的持续健康发展提供坚实支撑。同时，我们也需要认识到数据确权、流转与使用的重要性，建立完善的数据管理体系和法律法规体系，以保障数据的安全和合规使用。

2.2.2　数据要素基础设施的价值

在数据要素基础设施的演进过程中，数据确权、流转与使用始终占据着核心地位。随着数据量的不断增长和数据类型的多样化，确保数据的安全性、可追溯性，以及实现数据的高效流转和合理使用显得尤为重要。因此，建设完善的数据要素基础设施意义深远而多维。

（1）加速决策智能化转型。

数据要素基础设施是决策的“智慧加速器”。依托于数据要素基础设施的强大分析能力，企业与政府机构能迅速洞悉市场动态与趋势，获取关键情报，提升决策的效率与精准度。

（2）资源配置优化。

数据要素基础设施是经济的“精准调音符”。数据的透视力让企业和社会能更清晰地透视供需格局，并依据数据反馈调整资源布局，提升资源配置的合理性与使用效率，确保经济活动的每一环节都能实现效率提升。

（3）创新的“孵化温床”。

数据要素基础设施是新思维的“摇篮”。数据要素基础设施不仅是一座资源的“富矿”，更是创新的“孵化室”。它不仅为科研机构、企业提供海量数据与强大的数据处理能力，也能够推动新技术、新产品的研发，为产业的转型升级提供不竭动力。

（4）公共服务的革新。

数据要素基础设施代表个性化的定制服务。政府借助数据要素基础设施可为民众提供更为精准、个性化的公共服务。从教育、医疗到交通，每一项服务皆能因人制宜。政府通过提升公共服务的满意度与质量，让社会幸福感触手可及。

综上所述，数据要素基础设施犹如数字经济时代中的一把“钥匙”，可以解锁高效决策、资源配置优化、创新驱动发展、服务创新与升级等多维度的“大门”。

2.3 数据要素基础设施的发展趋势与挑战

2.3.1 数据要素基础设施的发展趋势

数据要素基础设施的发展趋势展现了技术融合的深化、智能化与自动化的飞跃、向绿色可持续性的转型、安全防护的加固，以及泛在连接的拓展。在这个数据为王的时代，数据要素基础设施的持续创新与优化，正为全球经济的数字化转型注入不竭动力。

（1）人工智能赋能的数据管理。

乘着人工智能与机器学习的浪潮，数据要素基础设施正揭开智能化与自动化的全新篇章。智能算法与自动化工具的嵌入，让数据的分类、存储、处理与分析流程如行云流水一般，不仅极大地增强了数据处理的效率与精度，更为数据的深度挖掘与价值释放开辟了无限可能。

（2）可持续发展的生态愿景。

在全球环保共识的背景下，构建绿色、可持续的数据要素基础设施已成为大势所趋。通过利用先进的节能技术、优化设备配置与管理模式，逐步减轻数据要素基础设施运营对能源的消耗和对环境的不利影响，实现低碳、高效的发展轨迹。

（3）强化数据保护的新防线。

在数据成为新时代“石油”的背景下，数据安全与隐私保护成为了数据要素基础设施建设中不可或缺的一环。随着相关法律法规的颁布与实施，构建全方位的数据安全防护体系已成为必然趋势。数据要素基础设施通过部署区块链网络、实时监控与威胁防御系统，形成了一张紧密的安全网，从而确保数据在采集、传输、存储、处理各环节中安全无虞。此外，隐私计算技术的兴起，能够在保护个人隐私的同时实现价值流通，进一步加固了数据安全的防线。

（4）物联网时代的基础设施升级。

物联网技术的蓬勃发展，驱动数据要素基础设施向拥有更广泛的连接能力的方向进化。从智能家居到智慧城市，从工业物联网到车联网，数据要素基础设施不仅要处理传统意义上的数字信息，还需应对来自亿万终端的实时数据流。因此，开发高并发、低延迟的通信协议，以及构建能够适应多样化设备接入的灵活架构，成为了数据要素基础设施升级的关键。泛在连接不仅拓宽了数据的边界，也促进了物理世界与数字世界的融合。

2.3.2　数据要素基础设施建设面临的挑战

（1）技术跃迁与创新。

数据要素基础设施，作为技术融合的典范，拥有强大的计算力、先进的存储技术、分布式的网络架构及坚固的安全防护，处于技术洪流的最前沿。面对层出不穷的技术革新，如何不断优化与重塑数据要素基础设施，以适应新的需求和挑战，成为需要持续密切关注的关键问题。

（2）安全与隐私。

随着数据量的爆炸式增长与应用的全面渗透，数据泄露事件频繁发生，使得数据安全与个人隐私保护成为人们关注的焦点。平衡人们对数据共享的需求与保护数据安全、尊重个人隐私之间的矛盾，是对数据要素基础设施提出的严峻挑战，这关系到数字社会发展的基础是否牢固、稳定。

（3）数据的价值实现。

数据的完整性和准确性对于其价值的实现至关重要。然而，现实中数据存在的残缺和不准确问题，不仅限制了数据的可用性，还对基于这些数据的分析结果产生了深远影响。这种影响不仅局限于单一系统的内部，还会在不同系统之间扩散，使得数据的有效分享变得异常困难，限制了数据价值的充分发挥。随着数据在不同主体之间的流转日益频繁，如何对这一过程进行有效监管，防止数据滥用，成为了一个亟待解决的难题。在这一过程中，数据所有权、使用权等权益的界定模糊，不仅给数据的合法交易带来了困难，还对数据的价值评估造成了阻碍。因此，明确数据权益的归属，建立合理的数据流转机制，是实现数据价值变现的关键所在。

（4）人才瓶颈。

数据要素基础设施的建设，需要大量具有深厚专业知识与实战经验的人才。然而，当前市场上此类人才供不应求，与行业快速发展形成鲜明对比。加之技术迭代加速，对人才的持续教育与培养亦提出了更高要求，这进一步凸显了对数据要素人才培养机制进行革新的紧迫性。

作为支撑数字经济蓬勃发展的关键基石，数据要素基础设施的发展历程与所面临的种种挑战，呼唤着政府、业界及学术研究机构三方的深度合作，三方需汇聚智慧与力量，合力探索政策扶持的新策略、技术创新的新路径以及人才培育的新模式。唯此，方可充分激活数据要素基础设施的潜在动能，泰然面对挑战，引领数字经济之舟在波澜壮阔的时代浪潮中稳健前行。

第3章

数据要素基础设施的构成

在这个信息技术迅猛发展的时代，数据要素基础设施已经成为支撑现代社会运作的支柱。数据要素基础设施可以被理解为一套用于数据采集、存储、加工、分析及传输的硬件、软件及网络设施。这些设施构建了一个庞大而复杂的系统，保障了数据的顺畅流通和高效使用。本章将深入解析数据要素基础设施的各个组成部分，特别是数据采集层的关键技术和工具，以及数据采集的方式。

3.1 数据采集层

数据采集层肩负着从多元数据源中精准捕获并汇集原始数据的重任。所涵盖的数据源范围之广泛，从企业内部各类系统、外部数据库，延伸至互联网中的网站、社交媒体平台乃至物联网设备等，无一不被纳入其采集视野。数据采集的精确度与效率，直接关系到后续数据处理流程的流畅度以及数据分析结果的可靠性。因此，在选择数据采集技术与应用工具时，应确保采集工具与策略的前沿性与实用性。同时，制定科学系统的数据采集策略与方法，是确保整个数据采集流程高效运作的关键。

3.1.1 数据采集的主要技术与工具介绍

数据采集过程是数据要素基础设施的核心环节，其采用的主要技术与工具直接影响着数据的获取效率与质量。下面对关键数据采集技术与工具进行概述。

（1）网络爬虫：互联网数据的智能探索。

网络爬虫，是一个被形象地称为“网络蜘蛛”或“自动浏览机器人”的程序。它们在网络空间中自由穿梭，自动收集所需信息，构建起一张庞大的数据网。网络爬虫的工作机制如同织网的蜘蛛，从一个初始的网页出发，沿着无数链接不断延伸，触及互联网的每一个角落，使得大规模数据的收集变得既高效又便捷，极大地丰富了数据资源库，为后续的信息提炼和深度分析提供了坚实的基础。

"尊重规则"是网络爬虫行动的首要准则，这意味着在开始抓取信息之前，必须仔细检查目标网站的爬虫访问政策，确保所有行为都在法律和道德框架内进行，不侵犯网站的权益。在此基础上，网络爬虫能够持续稳定地获取所需数据，保障信息收集的连续性和完整性。

网络爬虫作为现代互联网数据采集的重要工具，其作用不可小觑。网络爬虫不仅能够在海量信息中精准定位，还能在尊重隐私和遵守法律的前提下，实现高效的数据搜集。

（2）API 接口：数据共享的"桥梁"。

在当今高度互联的世界中，API 作为软件间沟通的"桥梁"，发挥着至关重要的作用。它不仅简化了不同系统间的数据交换流程，还为开发者提供了一条高效、标准化的通道，使信息流通变得更加顺畅。随着越来越多的服务商开放 API，数据获取的过程发生了革命性的变化。现在，开发者可以直接获得结构化数据的访问权限，无需进行复杂的网页解析工作，极大地提高了数据处理的效率和准确性。

然而，使用 API 并非毫无门槛，它要求使用者具备一定的 API 使用技巧和对使用规范的理解。

首先，密钥管理是 API 使用中的关键环节。大多数 API 服务都会要求用户申请一个专属密钥，作为授权使用的凭证。妥善保管并正确使用这些密钥，是保证数据安全和 API 正常运行的前提条件。

其次，遵守规则也不容忽视。每个 API 都有其特定的使用条款和限制，如请求频率和数据传输量的上限。开发者在享受 API 带来的便利同时，也应严格遵守这些规定，确保操作的合规性，避免因违规使用而导致的封禁或其他不良后果。

最后，对于数据处理，开发者需要具备一定的解析能力。API 返回的数据可能以多种不同的格式呈现，如 JSON、XML 等，能够熟练掌握这些数据格式的解析方法，并从中提取出核心价值数据，是成功利用 API 实现信息流通的关键所在。

（3）传感器技术：现实世界的“数字翻译官”。

传感器作为物理量变化的敏锐“侦探”，能够敏锐地感知周围环境的细微变化，如温度、湿度、压力、光照强度等，然后将这些物理量转化为可供计算机识别和处理的电信号，从而为环境监控、智能制造、健康管理等多个领域提供实时、准确的数据支撑。传感器的应用，不仅提升了数据收集的效率，也为决策制定和过程优化提供了科学依据，推动了相关行业的智能化转型。

然而，要充分发挥传感器的效能，合理应用和有效管理是关键。

首先，对传感器进行精准选型。选择合适的传感器类型和规格，需基于具体的应用场景和数据需求，确保其测量精度能够满足实际要求，同时具备良好的长期稳定性，避免因设备故障或性能衰退导致的数据偏差。

其次，维护校准同样至关重要。定期的维护和校准工作，可以及时发现并修正传感器可能出现的误差，确保其数据输出的准确性，这对于保持系统的可靠性和有效性具有重要意义。

最后，传输与存储优化是保障数据完整性和可用性的必要步骤。构建高效的数据传输管道，采用加密技术和冗余存储方案，不仅可以加快数据的传输速度，还能有效防止数据在传输过程中丢失或被篡改，确保每一条数据都能够安全、准确地到达存储端，为后续的数据分析和应用打下坚实的基础。

（4）无线射频识别技术：无线识别的力量。

无线射频识别技术（Radio Frequency Identification，RFID），作为一种先进的非接触式自动识别技术，主要应用于物流、仓储领域的物品追踪与管理。RFID 技术利用无线电波，在无需直接视觉接触的情况下，实现了远程的数据识别与交换，极大地提升了供应链管理的效率和精确度。通过将 RFID 标签附着于物品上，并配合使用 RFID 读写器，管理者可以轻松实时地掌握物品的位置、状态等动态信息，为库存控制、货物追踪等业务流程带来质的飞跃。

然而，为了确保对 RFID 技术的高效与安全应用，实践中需关注几个关键点。

首先，硬件适配是基础。根据具体的使用场景和需求，精心选择适合的 RFID 标签与读写器，是实现 RFID 稳定运行的前提。不同类型的 RFID 硬件适用于不同的环境和物品。比如：低频适用于容器识别、工具识别等；高频适用于电子身份证识别、电子车票识别等；超高频适用于公路车辆识别与自动收费系统等，选择合适的频段标签能显著提升识别效果。

其次，安全防护至关重要。鉴于 RFID 涉及数据传输，必须采取有效的加密措施，保护信息在传输过程中的安全，防止数据被非法截取或篡改，确保整个系统的信息安全无虞。

最后，性能调优是提升 RFID 整体表现的关键。通过对系统配置的优化，如调整天线布局、增强信号处理算法等，可以显著提升 RFID 的识别效率与准确度，减少读取错误，进一步增强 RFID 的实用性和可靠性。

（5）图像识别与视频分析：视觉智能的前沿。

借助于高精度摄像头与前沿算法，计算机视觉实现了对目标的精准识别与深入分析，其应用范围从智能交通到安防监控，涵盖了社会生活的方方面面，为现代化城市管理与安全防控提供了强有力的科技支撑。摄像头作为数据采集的前端设备，与先进的图像识别算法相辅相成，共同编织出一张无所不在的智能监测网络，让每一帧画面背后的信息得以被快速解读和利用。

在将计算机视觉技术付诸实践的过程中，有几个关键点特别值得关注。

首先，算法匹配是确保识别效果的核心。根据具体的应用需求，选择合适的图像识别算法至关重要。无论是深度学习的神经网络模型，还是传统的支持向量机等方法，都各有千秋，适用于不同的场景。精准匹配算法与应用需求，是提升识别准确率和效率的基础。

其次，性能提升是追求卓越的必由之路。通过对算法参数的精细调优，以及对模型的不断迭代优化，可以显著加速图像识别的处理速度，提高系统的响应能力和稳定性，满足实时性要求高的应用场景。

最后，大数据管理是面对海量图像数据时的挑战与机遇。构建高效的数据管理系统，不仅能够组织庞大的图像数据库和存储管理数据，还能实现数据的快速检索与处理，确保整个系统在处理大规模数据集时仍能保持高效运转。

3.1.2 数据采集的策略与实施方法探讨

在数字经济蓬勃发展的时代背景下，数据采集作为构建数据驱动决策体系的基础，其重要性不言而喻。一个科学、系统化的数据采集策略与实施方法，对于确保数据质量、提升决策效能至关重要。下面将全面解析数据采集的核心策略与实施要点。

（1）明确采集目标是开启数据采集的起点。在着手采集之前，务必清晰界定所需数据的具体类型、来源渠道、格式标准及预期用途。这一阶段的目标设定，直接决定着后续技术选择与工具匹配的精准度，从而保障数据采集的准确无误与高效运行。

（2）基于清晰的目标导向，制订详尽的数据采集计划显得尤为关键。计划中应细致规划数据采集的时间节点、数据源头、采集手段及资源配置，确保每一个环节都能有条不紊地推进。同时，计划的制订还需兼顾灵活性与前瞻性，充分考量潜在的不确定因素，以增强方案的适应性和执行力。

（3）在数据采集的实际操作阶段，精确实施与细节把控成为重中之重。采集过程中，应严格遵循既定规程，确保数据的真实性和完整性，对任何异常数据立即采取纠正措施。此外，快速响应机制不可或缺，以便及时解决突发问题，保证采集流程的顺畅。同时，还应通过加密、脱敏等技术手段，保护敏感信息。

（4）数据采集完成后，质量控制成为确保数据可靠性的关键步骤。通过数据清洗、校验与处理，剔除冗余、无效或错误数据，为后续分析奠定坚实的基础。

（5）数据采集策略与实施方法的持续优化，是适应技术演进与业务变革的必然要求。紧跟行业动态，适时引入创新技术与工具，不仅能提升采集效率，还能增强数据准确性。定期复盘采集流程，及时调整与完善策略，是确保数据要素基础设施与时俱进、高效运转的重要保障。

综上所述，数据采集不仅是数据要素基础设施建设中的核心环节，更是驱动数字经济持续增长的“引擎”。通过上述策略与实施方法的综合运用，不仅能满足当下数据采集的需求，更为未来数据生态的拓展与深化积累了宝贵经验。

3.2　数据存储层

数据存储层是数据要素基础设施中的关键组成部分，承载着数据的持久化保存与管理的重要任务，对于确保整个数据要素基础设施的安全稳定运行具有至关重要的作用。在此，我们将深入探讨数据存储技术的分类与特点，并全面解析为确保数据存储的安全性与可靠性所采取的多重保障措施。

3.2.1　数据存储技术的分类与特点

数据存储技术作为现代信息技术的基石，承载着海量数据的存储与管理重任，其多样性与复杂性反映了数据要素基础设施的不断进化与创新。从传统硬盘存储到固态硬盘存储，再到网络存储与分布式存储，每种存储技术都有其独特之处，它们为不同业务场景提供了定制化的解决方案。

传统硬盘存储作为历史悠久的存储方式，以其大容量存储能力和成本效益著称。硬盘驱动器（Hard Disk Drive，HDD）通过磁性涂层在旋转的磁盘上记录数据，虽在读写速度上略逊一筹，但其低廉的价格和稳定的性能使其成为大规模数据存储的理想选择。不过，HDD 的机械特性也带来了读写速度受限和对振动敏感的缺点。因此，在选择 HDD 时，需结合具体应用需求做出权衡。

固态硬盘（Solid State Disk，SSD）存储则代表了存储技术的革新方向。基于闪存技术的SSD以电子方式存储数据，彻底摆脱了机械运动的束缚，展现出极快的读写速度、优异的抗振性能和低功耗特性。尽管SSD的成本较高，且存在性能随时间下降的风险，但在对速度和稳定性有极高要求的场景下，SSD无疑是最佳选择。

网络存储［如网络接入存储（Network Attached Storage，NAS）和存储区域网络（Storage Area Network，SAN）］则通过网络连接，实现了数据的集中存储与共享。这种模式不仅提高了数据的可访问性，还具备出色的可扩展性和管理便捷性，尤其适用于需要跨多台计算机共享数据的企业级应用。然而，网络存储也面临着网络延迟和数据泄露的挑战。因此，在部署网络存储时，需确保网络的稳定性和安全性。

分布式存储则是在大数据时代背景下诞生的创新存储模式。即通过将数据分散存储于多个节点，并通过网络连接形成统一的存储系统。分布式存储拥有高可扩展性、高可用性和高性能的优点。即使部分节点出现故障，系统也能保持正常运行。同时，利用多节点的并行处理能力，显著提升了数据处理效率。然而，分布式存储也需攻克数据一致性、网络通信效率低和节点管理困难的难题，因此实施该存储方式时需全面考虑系统整体的稳定性与可靠性。

综上所述，数据存储技术的多样化为不同业务需求提供了丰富的选择。从HDD的大容量低成本，到SSD的高速度低能耗，再到网络存储的共享便利和分布式存储的高扩展性，每种技术都有其适用场景和独特优势。在实际应用中，根据业务特点和数据需求，合理选择和搭配存储技术，是构建高效、稳定、安全的数据要素基础设施的关键。

3.2.2 数据存储的安全与保障措施

数据存储承载着企业与组织核心资产的守护重任。为确保数据资产免遭威胁，维护其完整性和机密性，需要制定一系列安全保障措施。

（1）严格的访问控制与身份验证构成了数据安全的第一道防线。通过精细化的权限管理（遵循最小权限原则），确保用户仅能访问其职责所必需的数据。结合多因素认证等高级身份验证机制（如强密码策略和定期审查权限设置），为数据访问设置重重关卡，防止未经授权的访问，保障敏感信息的安全。

（2）数据加密与完整性校验技术成为了数据存储过程中的核心防护措施。采用先进的加密算法，结合严密的密钥管理策略，确保数据在传输和存储过程中的机密性与完整性。同时，利用哈希函数等技术对数据进行完整性校验，有效预防数据篡改，为数据安全加码。定期评估和更新加密算法与密钥，以抵御新兴的安全威胁。

（3）数据备份与恢复策略则是数据安全体系中的保险箱。制订翔实的备份计划，结合增量备份和差异备份技术，既保障了数据的全面性，又减少了备份过程中的资源消耗。定期进行恢复测试，确保备份数据在紧急情况下能够迅速恢复。

（4）物理安全与环境控制则从硬件层面加固了数据存储的防线。通过安装监控摄像头、门禁系统等物理防护措施，确保存储设备免受物理破坏。建立健全的灾难恢复计划，以应对自然灾害等不可预见事件。定期维护和检查存储设备，保障其运行的稳定性和安全性。

（5）网络安全防护与监控是数据安全策略中不可或缺的一环。部署防火墙、入侵检测与防御系统等网络防御设施，结合实时网络监控，构建起一道坚固的网络保护屏障，有效抵御外部攻击和内部泄露。通过定期更新安全设备和策略，建立日志记录与审计机制，强化员工安全意识，全面提升网络安全防护水平，确保数据要素基础设施的稳健运行。

综上所述，数据存储的安全与可靠性保障是一个多维的工程，涉及访问控制、数据加密、数据备份、物理安全及网络安全等多个层面。通过实施上述措施，企业与组织能够建立起一套全面的数据安全防护体系，有效抵御各类安全威胁，确保数据资产的安全无虞，为数据要素基础设施的持续稳定运行奠定坚实基础。在数字化时代，这样的安全保障措施不仅是数据管理的基本要求，更是企业核心竞争力的重要体现。

3.3 数据处理层

3.3.1 数据清洗与整合的流程与技术

1. 数据清洗与整合的流程

在数字经济蓬勃发展的今天，数据清洗与整合成为了数据处理链条中至关重要的环节。这一过程专注于解决数据中存在的各类问题，如数据的不准确、不完整、不合理或重复现象，通过精准地纠正、去除或补充数据，可以显著提升数据质量与可用性，进而为商业决策与分析提供坚实的数据基础。下面对数据清洗与整合的流程与技术进行剖析。

（1）数据清洗与整合的流程始于数据的收集与初步理解。在这个初始阶段，不仅要收集原始数据，还要深入探索其来源、结构、类型与内容。这一过程旨在全面掌握数据概貌，及时辨识潜在问题，为后续的深度清洗与整合活动奠定坚实基础。

（2）对收集到的数据进行全面质量评估，这一步骤尤为关键。其涵盖了数据的完整性、准确性、一致性和唯一性检查，通过统计分析与可视化工具，精确识别异常值与重复项，确保数据质量评估的准确性与全面性。

（3）在数据清洗流程中需灵活应对缺失的数据。若缺失数据对总体分析影响不大，直接剔除不失为一种选择；反之，对于关键性缺失数据，可通过均值、中位数或众数等统计方法进行填充，或在大数据环境下，运用机器学习算法进行预测来填充，填充方法应根据数据特性和业务需求定制。

（4）错误数据，如异常值、重复值或不一致的数据，亦需细心处理。异常值可通过统计方法甄别，依据业务背景决定是否对其剔除或修正；重复值可以通过数据对比与去重算法进行消除，以确保数据唯一性；不一致的数据则需深入探究原因，予以适当标注或修正。

（5）数据格式转换与标准化处理是清洗过程中的另一重点。此步骤涉及日期时间格式化、文本数值化，以及数据缩放、归一化或标准化等转换，旨在统一数据格式，消除量纲差异，确保分析结果的准确。

（6）数据整合与合并环节。针对多源数据，需进行关联、对齐与合并操作，确保数据间的一致性和关联性。在此过程中，重复数据与冲突数据的妥善处理至关重要，这确保了整合后数据的准确性和可靠性，为后续的深度分析与决策制定提供高质量的数据支持。

综上所述，数据清洗与整合是一项复杂而细致的工作，涉及多个步骤与技术，其目的是从源头提升数据质量，为数字经济时代的决策分析提供强有力的数据支撑。通过遵循上述流程与技术指南，企业与组织能够有效提升数据价值，驱动业务创新与发展。

2. 数据清洗与整合的技术

数据清洗与整合被视为构建稳健分析基础的核心步骤，这一过程涉及多种关键技术与工具。下面介绍几种关键技术和工具，它们在数据清洗与整合中扮演着重要的角色。

面对缺失数据这一常见问题，数据插值与填充技术提供了多种解决方案，从简单的均值填充到复杂的插值方法（如线性插值、多项式插值），乃至运用机器学习模型（如 k 近邻查询、决策树）进行预测填充，旨在恢复数据的完整性，确保分析结果的准确性和可靠性。

正则表达式作为一种文本处理的工具，通过其独特的符号语言，能够在杂乱无章的文本数据中精准识别和提取特定模式的信息，如电子邮件地址、电话号码等，极大地提升了数据清洗的效率和准确性。

在处理近似重复数据时，模糊匹配技术发挥了关键作用。通过计算字符串之间的相似度，能够识别并去除那些看似不同但实际上相似的数据记录，从而保持数据集的纯净性和一致性。

数据标准化与归一化是确保数据在分析中处于平等地位的关键步骤。标准化通过调整数据，使其均值为零、方差为一；而归一化则将数据缩放到特定区间，如[0,1]，这两种方法有效消除了量纲差异的影响，使特征之间可以进行公平比较，从而增强了模型的稳定性和预测性能。

3.3.2 数据挖掘与分析的方法与应用

1. 数据挖掘与分析的方法

数据挖掘与分析是一项复杂而精细的工作，旨在从海量数据中抽取出有价值的信息和知识。这一过程包括应用多种算法和技术，对数据进行深度剖析，以揭示数据背后的规律、趋势和关联性，为决策提供有力支持。下面讲解数据挖掘与分析中用到的主要方法。

（1）分类与预测。

分类通过分析数据集中的共性，将数据对象依据分类模式划分至不同的类别中。这一过程旨在创建分类模型，使数据项能够被准确地映射到预设的类别中。常见的分类算法包括决策树、朴素贝叶斯和支撑向量机等。

预测是基于现有数据和历史记录，预测未来的发展趋势或结果。预测技术涵盖时间序列分析、回归分析等，用于推断数据的未来走向。

（2）聚类分析。

聚类分析属于无监督学习范畴，其目标是将具有相似特性的数据对象聚集为“簇”或“群集”，以此发现数据的内在结构和潜在关联。这种方法有助于揭示数据集中隐含的模式和信息，常用算法包括 k 均值聚类、层次聚类等。

（3）关联规则挖掘。

该技术专注于探索数据项之间的联系或关联规则。如通过分析超市购物车数据，可以识别哪些商品常一起被消费者所购买，进而揭示消费者的消费习惯和市场趋势。

（4）异常检测。

异常检测致力于识别那些显著偏离数据集主体模式的数据点，这些异常点可能表示错误或异常情况。通过异常检测，可以及时发现不符合常规的数据，为进一步深入分析以解决问题提供线索。

综上所述，数据挖掘与分析不仅是一套技术集合，更是一种洞察数据本质、挖掘数据潜在价值的思维模式。通过运用分类、预测、聚类分析、关联规则挖掘和异常检测等方法，数据分析师能够从纷繁复杂的数据中提炼出有意义的信息，为企业提供决策支持、市场分析和风险管理策略。这些技术的应用，不仅仅局限于商业领域，也广泛服务于金融、公共卫生、环境保护等多个领域，推动社会各方面的进步与发展。

2. 数据挖掘与分析的应用示例

数据挖掘与分析在现代社会的多个关键领域展现出巨大的应用潜力，深刻影响着行业决策和创新方向。下面列举一个典型领域的具体应用案例来讨论数据挖掘与分析技术在其中发挥的作用。

选取的案例是美国本田公司利用高级分析技术改善其保修索赔流程。该公司在处理保修索赔时遇到了大量存在缺陷的记录，包括信息不完整、错误或不符合规定的情况，这些问题直接导致了人力资源成本的增加和不必要的财务损失。为了解决这一难题，美国本田公司采取了一项以数据挖掘与分析为核心的措施，旨在优化保修索赔的管理。

项目实施步骤如下。

（1）数据收集。

首先，公司收集了所有相关的保修索赔数据，包括客户的详细信息、故障的具体描述以及维修的历史记录。然后通过使用可视化工具对这些数据进行初步展示，使公司能够快速识别其中数据的规律和潜在的问题，为后续的分析工作奠定基础。

（2）数据清洗。

为确保数据的准确性和完整性，数据清洗成为关键步骤之一。利用算法自动识别并填充缺失的数据，同时移除重复或异常的记录，以保持数据集的纯净。

（3）数据整合。

将来自不同源头的数据，如销售信息、维修记录以及客户反馈，整合到一个统一的数据库中，目的是获得一个全面且连贯的数据视角，有助于更深入地理解相关业务流程。

（4）数据分析与转换。

在数据集成后，美国本田公司开始使用决策树、神经网络等复杂算法来筛选出最关键的数据特征。例如故障类型、维修所需的时间以及客户的满意度评价等。

数据转换过程将原始的、可能不易于分析的信息转化为适合进一步挖掘的格式。例如，将文字编码描述为数值特征，便于量化分析。

（5）客户细分与服务策略优化。

在数据挖掘阶段，通过聚类分析将客户细分为多个具有相似特性的群体，这使得公司能够为每一类客户量身定制服务策略，提高服务的针对性和效率。

模式评估确保了所发现的规律和趋势能够转化为实际的业务价值，通过模拟不同的改进措施，预测它们对效率维护和成本控制的影响。

这一系列数据驱动的举措使美国本田公司有效地识别并解决了保修索赔记录中的问题。自动化流程显著减少了人工审核的负担，提升了整体维护效率，并显著降低了额外的费用开支。更重要的是，通过精准的客户细分和优化的服务策略，公司的客户满意度和忠诚度得到了提升，这证明了数据挖掘技术在企业运营中，在提升效率、削减成本和强化客户关系方面拥有巨大的潜力。

3.4 数据传输层

数据传输层的功能远不止是将数据从一个点转移到另一个点那么简单，它涵盖了一系列复杂的过程，包括数据的编码、调制、传输、解调和解码等各个环节。每一个环节都对确保数据的完整性、传输速度和安全性起到至关重要的作用。

3.4.1　数据传输技术的原理与分类

数据传输技术是将数据从一个设备或系统发送到另一个设备或系统的过程，其原理及分类如下。

（1）数据传输的基本原理。

数据传输，作为信息技术领域的一项核心功能，其基本原理在于实现数据从起点到终点的有效转移，进而促进信息的广泛交换与共享。这一过程复杂而精细，涉及多个关键步骤，包括编码、调制、传输、解调和解码，每一环节均对数据的完整性和传输效率有着直接影响。

首先，编码与解码构成了数据传输流程的逻辑起点与终点。编码，作为一种将原始数据转换为特定二进制格式的技术，确保了数据能在传输过程中得到妥善处理和识别。常用的编码标准（如 ASCII 码、Unicode 及 UTF-8）定义了字符与二进制数之间的对应关系，便于数据的标准化处理与存储。解码则是编码过程的逆向操作，负责将接收到的二进制数据重新转换为原始信息，完成数据的解析和呈现。

其次，调制与解调技术负责在数字信号与模拟信号之间进行转换，以适应不同传输介质的要求。调制，即数字信号转换为模拟信号的过程，通过调幅（Amplitude Modelation，AM）、调频（Frequency Modelation，FM）或调相（Phase Modelation，PM）等方式，使得数据能以适合特定介质的形式进行传输。解调则是接收端的对应过程，用于将模拟信号还原为数字信号，确保信息的准确恢复。

最后，传输环节是数据从发送端到接收端的实际物理传递过程。它依赖于各种传输介质，如铜线、光纤或无线电波等，每种介质因其特有的传输特性和速度而适用于不同的场景。铜线凭借其成本效益和普遍性，在短距离通信中占据重要地位；光纤以其超低的信号衰减和高带宽能力，成为长距离数据传输的优选；而无线电波则赋予了数据无线传输的灵活性，支持远距离和移动通信需求。

综上所述，数据传输是一个涉及编码、调制、传输、解调和解码等多步骤的系统工程，每个环节紧密相连，共同保证了信息的准确、高效传递。

无论是有线还是无线，通过何种介质和编码方式，数据传输的核心目标始终不变——确保信息在任何时间、任何地点都能被准确无误地送达。

（2）数据传输的分类。

数据传输作为信息交流的核心环节，其方式和特性多种多样，依据不同的标准可以细分为若干类别，每种类别标准都针对特定的场景和需求进行了优化。下面详细阐述数据传输的主要分类。

首先，从物理介质的角度划分，数据传输可以分为有线传输和无线传输两大类。有线传输，如常见的以太网电缆和光纤，凭借其稳定的信号质量和可靠的传输性能，在需要高带宽和低延迟的应用中占据主导地位，尽管在部署时可能面临布线复杂和成本较高的挑战。相比之下，无线传输采用无线电波、红外线等非接触式媒介，实现了灵活和便捷的组网，尤其适合移动设备和难以铺设电缆的环境，但其传输稳定性易受外界因素干扰，信号衰减也是一个不容忽视的问题。

其次，按照数据位的传输方式不同，数据传输可分为串行传输与并行传输。串行传输将数据逐位发送，适用于长距离通信场合，因为它仅需一条线路，降低了成本和复杂度。而并行传输则同时传输多位数据，显著提升了传输速率，但代价是需要多条线路，增加了成本，并且传输距离受限。

再次，按照数据同步方式的不同，数据传输又可分为同步传输和异步传输。同步传输依靠精确的时钟信号来确保发送端与接收端的同步，适用于高速通信，但对时钟同步的要求极高。异步传输则不依赖于外部时钟，允许字符间存在时间间隔，更适合低速通信，且对时钟精度的要求较低。

最后，从数据流的方向来看，数据传输可分为单工传输、半双工传输和全双工传输。单工传输仅支持单一方向的数据流动，结构简单但交互能力有限。半双工传输虽然允许双向通信，但在任意时刻只有一方可以发送数据，类似于对讲机的工作原理。全双工传输则是最高效的传输方式，它能够在两个方向上同时进行数据传输，极大地提高了通信效率和用户体验。

综上所述，数据传输方式的选择应当紧密贴合具体的应用场景和需求，充分考量传输距离、速度、成本及可靠性等因素，以达到最佳的传输效果。无论是追求稳定性的有线传输，还是强调灵活性的无线传输；无论是注重成本效益的串行传输，还是追求高速度的并行传输；无论是要求严格同步的同步传输，还是适应低速需求的异步传输；无论是结构简单的单工传输，还是高效交互的全双工传输，每种传输方式都在各自的应用领域内发挥着不可或缺的作用。

3.4.2　高效数据传输的策略与实践

为了实现高效数据传输，一系列综合性的策略被广泛采纳，旨在优化传输效率、保障数据完整性和安全性。

数据压缩技术作为首要策略，通过采用压缩算法对数据进行预处理，从而提高传输速度并有效节省带宽资源。在选择压缩算法时，需根据数据类型及其重要性，灵活判断是使用无损还是有损压缩。无损压缩确保数据完整性不受影响，而有损压缩则通过牺牲部分数据质量以获得更高的压缩比率，适用于非关键信息的传输。

流量控制与堵塞控制同样重要，前者确保发送速率与接收方处理能力保持同步，避免数据过载，后者则通过对网络状态的感知，适时调整传输速率，防止网络拥堵和数据包丢失，维持数据流的稳定传输。

错误检测与纠正机制，如校验和（checksum）、循环冗余校验（Cyclic Redundancy Check，CRC）等，能够有效检测并纠正传输过程中的错误。对于关键数据，自动重传请求（Automatic Repeat Request，ARQ）或更高级的错误纠正技术进一步加强了关键数据传输的准确性与可靠性。

加密与安全措施的实施是确保数据传输安全性的关键。使用强加密算法对数据进行加密处理，配合身份验证、数字签名等技术，构建了多层次的安全防护体系，保护数据不被泄露和篡改。

在实践层面，选择合适的压缩算法、采用高效传输协议，以及实施实时监控与调优，都是提升数据传输效率的重要举措。在高性能的需求场景中，考虑使用专用硬件和网络设备，如高速网络接口卡、交换机等，以增强传输能力。分布式存储与分布式计算技术的引入，特别是在处理超大规模数据传输时，能够显著提高整体传输效率。此外，并行传输、增量备份和使用专用线路等策略，分别通过多通道并发传输、仅传输变化数据以及确保关键数据通道的稳定与安全，进一步优化了数据传输的性能。

综上所述，通过综合运用上述策略与实践，可以根据具体的应用场景和需求，构建出一套高效、稳定且安全的数据传输解决方案，有效地应对各种数据传输挑战，满足日益增长的信息交流需求。

3.5 数据应用层

在数据处理的整个流程中，数据应用层是顶层，主要通过数据可视化技术来实现数据的最终呈现与应用，确保原始数据在此得以巧妙转化，提炼出有价值的信息。这些信息不仅为各类业务场景提供支撑，更为战略决策提供数据依据。下面将深入探讨数据可视化技术的原理与应用，以及数据在决策支持中的一些实际应用案例。

3.5.1 数据可视化技术的原理与应用

1. 技术原理

数据可视化技术，作为现代数据分析的关键组成部分，能够将庞杂抽象的数据转化成直观易懂的图形。这一技术的核心价值在于，借助图形展示手法，便于用户对数据关键信息进行识别，促进用户对数据间的关系、趋势及模式的深入理解。其运作机制涵盖了数据采集与整理、可视化类型选择、设计、实现及交互与探索等步骤。

数据采集与整理是数据可视化流程的基础。从多元数据源中精心筛选原始数据，然后对其进行清洗、整合与格式化，确保数据的准确性与一致性，为后续的可视化铺平道路。毕竟，精准数据是构建任何有意义可视化图表的前提条件。

接着依据数据特性与分析目标，挑选最适宜的图表类型。例如，时间序列数据往往通过折线图展现，以突出变化趋势；条形图则擅长比较不同类别数据的差异。这些都彰显了数据可视化策略的灵活性与针对性。

进入设计阶段，创意与实用并重。在此期间，色彩、字体、标签及其他视觉元素的巧妙运用，旨在强化数据的可读性与视觉吸引力。同时，保持克制，避免过度装饰，确保数据本质不被繁复设计所掩盖，保持数据传达的清晰度与效率。

在实现阶段主要运用专业软件或工具，将前期准备的数据转化为生动的图形或图像。市场上有许多数据可视化工具，以其丰富的选项与交互功能，成为实现这一转变的理想助手。

最后，交互与探索环节为数据可视化增添了动态之美。通过引入缩放、过滤、动画等交互功能，用户得以深入挖掘数据背后的价值，享受一场数据探索之旅，从而更加透彻地理解数据内涵，激发新的见解。

综上所述，数据可视化不仅是一门科学，更是一门艺术，它要求我们从数据的海洋中提炼精华，以直观的形式展现给用户，推动数据驱动决策的进程。通过遵循上述步骤，我们能有效地将数据转化为知识，赋能个人与组织，开启数据智能的新篇章。

2. 技术应用

数据可视化技术凭借其强大的信息转换能力，在现代社会的多个领域展现出不可替代的价值，从商业决策到科学研究，再到公众服务，其应用范围十分广泛。

在商业智能（Business Intelligence，BI）领域，数据可视化已成为企业洞察市场、优化运营的利器。借助实时更新的图表和仪表盘，企业能够迅速掌握业务指标的波动、市场趋势的变化，以及了解营销活动的效果，进而做出及时调整，提升决策质量和业务效率。这一技术让数据不再是冰冷的数字，而是成为驱动企业前行的“智慧引擎”。

在市场分析中，数据可视化同样扮演着举足轻重的角色。通过对市场数据、消费者行为及竞争对手动态的可视化展示，企业能够更直观地理解市场格局，精准定位自身位置，从而制定出更具前瞻性和竞争力的市场策略，抓住稍纵即逝的商业机遇。

科研领域亦得益于数据可视化技术的助力。面对海量复杂的实验数据，科学家和研究人员能够将其转化为清晰明了的图表，大大降低了数据解读的难度，缩短了科研成果的发现与验证过程。这种直观的展示方式，使得数据中的规律和趋势跃然纸上，使科研工作变得前所未有的高效与便捷。

在新闻报道领域，数据可视化技术为复杂信息的传播提供了全新视角。通过生动形象的图表，帮助读者迅速捕捉新闻核心，理解事件背后的逻辑与影响。尤其是在大数据时代，这一技术的应用极大地丰富了新闻报道的表现形式，提升了公众的信息获取体验。

在公共管理方面，政府和公共机构越来越多地使用数据可视化技术来提升治理效能。无论是社会指标的监控、政策制定的依据，还是项目效果的评估，数据可视化技术都发挥着至关重要的作用。通过直观展示诸如社会福利、教育、医疗等关键领域的统计数据，政府能够全面了解社会需求和问题所在，进而做出更加精准的资源分配和政策调整，推动社会福祉的持续改善。

综上所述，数据可视化技术以其独特的优势，在促进对各领域信息的理解与决策优化的过程中，展现出广阔的应用前景，并对社会产生了深远的影响。它不仅是一种数据展示的方法，更是连接数据与人类认知的“桥梁”。

3.5.2 大数据在决策支持中的应用案例

案例名称：北京大学第三医院（简称北医三院）双引擎驱动智能化辅助临床诊疗项目。

（1）案例背景。

本项目的目标是利用大数据分析与人工智能技术改善医疗服务的质量和效率。这一目标的实现依赖于强大的技术基础，包括大数据分析技术与人工智能技术。

（2）数据建设。

项目始于数据建设。项目的数据来源广泛，包括详尽的病历记录、复杂的基因组数据、实验室检测结果和影像学资料等医疗信息。通过精心的数据整合和管理，我们构建了一个全面的医疗数据集。进一步的数据清洗工作确保了数据集的有效性和可用性，包括剔除重复条目、填补缺失值和处理异常数据点。特征提取技术的运用，是为了从原始数据中抽取关键信息，包括患者的年龄、性别、疾病类别、药物使用情况等，从而为项目的后续分析奠定坚实的基础。

（3）数据分析与建模。

在数据建设的基础上，我们进行了深入的数据分析与建模。描述型分析通过统计手段帮助我们理解了疾病的基本分布情况，包括发病率、死亡率等的分布。预测分析通过决策树和随机森林等机器学习算法，对病例数据进行了分类与预测，揭示了潜在的健康风险和疾病发展趋势。时间序列分析和深度学习模型进一步预测了病情的发展，并为医生提供了个性化的治疗方案。所有这些分析结果都被用于生成具体的治疗方案和操作指南，极大地辅助了医生的临床决策。

（4）数据可视化与决策支持系统。

为了让数据分析结果更加直观易懂，采用了 Echarts、Tableau 等工具进行数据可视化，将复杂数据转化为易于理解的图表和图形界面，清晰展现了数据背后的模式与趋势。此外，开发了一个临床决策支持系统，集成了所有功能模块，并成功部署到实际诊疗流程中，实现了实时的决策辅助。

（5）成果与影响。

① 提高诊断准确性：显著提高了疾病诊断的准确性，减少了误诊的可能性。

② 优化资源配置：通过对大规模病例数据的分析，优化了医疗资源的配置，提高了服务效率。

③ 个性化治疗建议：基于患者的具体情况，提供了定制化的诊断和治疗建议，提升了治疗效果。

④ 科学决策支持：数据分析和人工智能技术的应用促使医生能够做出更为科学和合理的决策，整体提升了医疗服务质量。

大数据分析与人工智能技术的应用不仅显著提升了医疗服务效率和质量，还为医疗行业带来了前所未有的机遇和挑战。随着技术的进步，这些技术将进一步深化医疗服务，促进医疗行业的可持续发展。

第 4 章

数字技术支撑体系的深度融合

在信息化迅猛发展的时代背景下，数字技术正逐渐崭露头角，成为引领社会进步与创新的中坚力量。伴随着数字技术与各领域深度融合，传统数据处理模式正经历着翻天覆地的变革，各行各业也因此面临着前所未有的转型契机与挑战。本章将深入剖析数字技术的融合应用，以期全面揭示数字技术的核心理念、架构特点，及其在现实生活中的深远影响与巨大价值。

4.1 区块链技术

信任，是人类社会交往的基石，自古以来就深深根植于经济、社会与政治活动之中。然而，随着数字时代风起云涌，网络技术日新月异，传统信任构建方式面临着前所未有的挑战，仿佛古老城堡在现代科技的洪流中摇摇欲坠。正当人们在寻找新时代的信任解决方案之际，区块链技术犹如破晓之星，以其独特的分布式架构、数据不可篡改及透明度高的特性，为信任构建描绘出一幅令人向往的新图景。

本节旨在深入探讨区块链技术如何革新信任机制，以及它在现代社会中的广泛应用和深远影响。区块链技术，就像一座跨越数字世界的坚固桥梁，不仅连接了信息的流动，还促进了价值的交换，更为重要的是，它为信任的构建提供了基础。现在，让我们一起揭开区块链技术的神秘面纱，探索其背后的信任构建之力。

4.1.1 区块链与信任构建的基础

区块链技术的核心在于其分布式账本机制。这一机制确保了所有交易记录与数据的公开透明和不可篡改性。网络中的每一个节点都持有完整的账本副本，共同维系着数据的真实性和完整性。任何对账本的改动，都需要经过网络中多数节点的严格审核并达成共识，这是区块链信任体系的基石。

（1）数据不可篡改性。

在区块链的世界里，每一笔数据承载着诸如交易详情、时间戳、链接地址等信息。这些数据通过数字签名和加密技术得到严密保护，确保了它们的真实可靠性，且无法被轻易篡改。这种数据可靠性奠定了区块链技术的信任基础。

（2）分布式账本。

与传统中心化账本截然不同，区块链采用分布式账本模式。这一创新摒弃了对单一权威机构或中心服务器的依赖，赋予每个节点可以拥有完整的账本副本和相互验证的权限。这种分布式的设计，显著增强了网络的容错性和抵御攻击的能力，为信任体系构建了坚固的防线。

（3）共识机制。

在区块链的生态系统中，共识机制是确保数据一致性和真实性的关键。其中，工作量证明（Proof of Work）和权益证明（Proof of Stake）两种共识机制，分别以不同的机制和方式共同维护着网络的安全与可信性。它们要求节点在添加新数据块时遵循严格的规则，确保整个网络的稳定和可靠。这份共识的力量，引领着区块链技术在信任的道路上稳健前行。

总之，区块链技术凭借其独特的机制，不仅重塑了信任构建的方式，也为数字时代带来了前所未有的机遇。随着技术的不断演进和完善，区块链有望成为构建全球信任体系的重要支柱，帮助世界开启一个更加透明、高效和可信的未来。

4.1.2　区块链在信任构建中的应用

（1）智能合约：自动化信任。

智能合约，作为区块链技术最具活力的部分，无需第三方干预即可自动执行预定义的合同条款。其运作逻辑仿佛一位公正无私的仲裁员，其职责是确保交易双方遵守协议，有效降低违约可能性并减少交易成本。智能合约的执行结果公开透明且具备不可篡改性，进一步强化了参与者之间的信任关系，构建起数字化时代的信任纽带。

（2）供应链管理：追溯与验证。

在供应链管理领域，区块链技术扮演着至关重要的角色，它如同一位严谨的守护者，确保商品从生产源头至消费者手中的全过程清晰可查、真实性无可置疑。无论是原料采集、加工制造，还是物流配送与零售终端，每个环节的信息都被准确记录于区块链上，形成一条条不可磨灭的证据链。这种透明度极大地增强了消费者的信心，同时也为企业提供了快速定位问题、精准决策的能力，优化了整个供应链的效率与安全性。

（3）数字身份认证：隐私与信任。

面对传统身份认证体系存在的信息泄露与滥用风险，区块链技术中提出了一种分布式的数字身份认证解决方案。这一方案不仅紧密关联个人真实身份，还通过加密技术有效保护了个人隐私，实现了个人数据的自主控制。在电子政务、在线银行、远程医疗等众多应用场景中，基于区块链的数字身份认证不仅提升了用户数据的安全性，还增强了身份信息的可信度，构建了更加安全、可靠的网络环境。

综上所述，区块链技术在智能合约、供应链管理、数字身份认证等多个领域展现出了其独特的价值与潜力，不仅提升了各行业的运行效率，还为构建一个更加公平、透明、安全的社会生态奠定了坚实的技术基础。

4.1.3 区块链对信任构建的深远影响

（1）重构信任架构，奠定可信社会基石。

区块链技术，作为一项革新性的解决方案，正逐步颠覆传统的信任构建机制。相较于以往中心化体系中对第三方权威机构的过度依赖，区块链通过算法与数学原理，构建了一种分布式信任模型，显著减少了对中介机构的需求。这种创新的信任机制不仅有效降低了交易成本，提升了系统运作效率，还极大增强了数据的可靠性与安全性。更重要的是，它打破了地域与行业壁垒，促进了跨域合作，为新时代的经济发展与社会进步奠定了坚实的基础。

（2）透明度与效率，塑造经济活动新形态。

区块链技术的独特属性使其成为提升经济活动透明度与效率的强大

引擎。通过将所有交易记录以不可篡改的形式存储于区块链上，任何参与者均可轻松验证交易的真实性和合规性，这一特性显著抑制了欺诈行为，增强了市场公正性。智能合约凭借其自动执行特性，进一步简化了业务流程，提高了交易处理速度。这些优势共同作用，为区块链技术在商业领域的广泛应用铺平了道路。

（3）催化社会创新，引领可持续发展潮流。

区块链技术的分布式账本机制及智能合约的自动化执行能力，正成为推动社会创新与发展的关键动力。它通过降低市场准入门槛，为小微企业和初创企业提供了平等竞争的机会，激发了市场活力，释放了创新潜能。同时，区块链技术在促进社会治理现代化方面也展现出巨大潜力，通过构建透明、公正的平台，提升了政府决策的透明度与公信力，增强了公众对公共机构的信任感，为建设更加和谐稳定的社会环境贡献力量。

（4）保障数据安全，维护个体隐私权利。

面对日益严峻的数据安全挑战，区块链技术以其分布式存储方式与高级加密算法，为数据保护提供了一种革命性的解决方案。与中心化存储方式相比，区块链的分布式存储方式显著提升了抵御外部攻击与内部泄露的能力，构筑起一道坚不可摧的安全屏障。更重要的是，区块链赋予了用户对个人数据的自主控制权，使个体能够在享受数字化生活便利的同时，有效地保护个人隐私，维护自身尊严与权益，为构建更加安全、自由的数字世界奠定了基础。

综上所述，区块链技术凭借其在信任重构、透明度提升、社会创新催化以及数据安全保障等方面的卓越贡献，正逐步渗透至经济社会的各个层面，引领着未来发展的方向。随着区块链技术的不断成熟与应用的日益广泛，区块链有望成为推动全球变革的关键力量，为人类社会的可持续发展开辟出一片崭新的天地。

4.1.4　区块链在信任构建中面临的挑战

尽管区块链技术在构建信任体系上展现出巨大潜力，但在其实际应用过程中面临的挑战也不容忽视。

（1）技术演进。

目前，区块链技术在实现大规模网络自由组网与商业化部署方面尚存在局限性，尤其是在公有链环境下，交易量的激增对网络性能提出了更高要求。为了适应多样化的应用场景，区块链网络需不断优化底层技术，以支持大规模节点的高效接入与退出，增强技术的商业扩展性。因此，提升区块链技术的性能与稳定性，满足日益增长的商业需求，是当前亟待解决的核心问题。

（2）法规与监管。

伴随区块链技术的广泛应用，相关法规与监管框架需同步完善，以适应新兴技术带来的变化。监管机构需在保护用户隐私与防范非法活动之间寻求平衡点，同时应对跨境交易、数字货币等新型经济现象带来的税务、反洗钱等监管难题。如何在鼓励创新与保障安全之间找到恰当的平衡，是需要当前监管部门探索的重要议题。

（3）用户认知。

尽管区块链技术的优势明显，但公众对其认知程度参差不齐。普及区块链知识，开展针对性教育，提升用户对区块链技术的理解与接纳，对于促进区块链技术的广泛应用至关重要。同时，优化用户体验，确保区块链技术的易用性与友好性，也是推动区块链技术走向大众市场的关键要素。

（4）安全与隐私。

虽然区块链技术本质上具备较高的安全性，但随着技术迭代与应用领域的扩大，新的安全威胁与隐私泄露风险不断浮现。确保区块链系统的安全性，防止数据被篡改与恶意攻击，同时保护用户隐私不受侵犯，是区块链技术发展中必须长期关注与持续研究的焦点。这不仅要求技术层面的不断创新，也需要法律法规的适时跟进，共同构建一个既安全又尊重隐私的区块链生态系统。

总之，区块链技术作为一项前沿科技，其在重塑信任体系、促进产业创新等方面展现出巨大潜力，但同时也面临着技术、法规、用户认知与安全隐私等多方面的挑战。应对这些挑战，需要技术开发者、监管机构、教育工作者及社会各界的共同努力，通过持续创新与合作，共同推动区块链技术的健康发展，为构建更加安全、透明、高效的社会经济体系贡献力量。

4.1.5　区块链与数字经济的深度融合

区块链与数字经济的融合，犹如一支多层次、多维度的交响乐队，跨越技术、应用、产业等多个领域，共同谱写“美妙的乐章”。

1. 技术层面

（1）加密算法与数据安全。区块链的加密算法如同数字世界的坚固堡垒，守护着数据的安全。在数据量激增的当下，区块链以其分布式账本的特性，防止了数据篡改现象的发生，大大增强了数据的可靠性。

（2）智能合约与自动化执行。智能合约，作为区块链的精髓，能够在满足条件时自动执行预设操作，为数字经济带来前所未有的便捷与高效。它简化了业务流程，降低了人为错误和欺诈的风险，为商业活动注入了新的活力。

2. 应用层面

（1）供应链透明化与追踪。区块链技术为供应链赋予了前所未有的透明度和可追溯性。它记录着商品从生产到销售的每一个细微环节，确保产品的真实性和来源。这不仅是对假冒伪劣商品的有力打击，更是对消费者信心的坚定守护。

（2）数字身份认证。在数字经济时代，个人信息的保护与管理显得尤为关键。区块链以其去中心化的特性，提供了全新的数字身份认证解决方案，确保个人数据的安全与隐私。

3. 产业层面

（1）促进产业协作。区块链技术打破了行业壁垒，促进了不同产业之间的紧密协作和信息共享。在区块链的平台上，企业们能够更加高效地进行数据交换和业务合作，共同推动产业链的升级与发展。

（2）创新商业模式。区块链的去中心化特性为商业模式的创新提供了无限可能。基于区块链的共享经济、众筹等新型商业模式正在悄然兴起，为数字经济注入了新的生机与活力。

4. 社会与经济层面

（1）提升经济效率。区块链技术通过减少中间环节、提高信息透明度等方式，有效降低交易成本，提高经济效率，这将有力推动经济增长。

（2）增强社会信任。区块链的去中心化和透明化特性为建立更加公正、透明的商业环境奠定了基础。在数字经济时代，信任是交易和商业活动的基石。区块链技术以其确保数据真实性和不可篡改性，为社会的信任体系注入了新的力量。

综上所述，区块链与数字经济的融合将在多个层面产生深远影响。随着技术的不断进步和应用场景的不断拓展，我们有理由相信区块链将成为数字经济时代的重要基石之一，引领经济社会持续发展与进步。

4.1.6 区块链技术的未来展望

1. 未来展望

（1）技术创新：性能、安全与隐私的持续精进。

面向未来，区块链技术将在核心性能、系统安全及隐私保护领域持续突破。针对现有系统的扩展性瓶颈，科研人员正积极探索分片技术、侧链架构及跨链通信机制等前沿方案，旨在显著提升区块链的交易处理能力和系统响应速度，使其更加契合商业应用的广阔需求。

（2）跨界融合：构建科技生态圈的协同发展。

区块链技术将与云计算、大数据、人工智能等现代信息技术深度融合，形成互为补充、协同发展的科技生态圈。云计算的弹性计算资源、大数据的深度分析能力以及人工智能的智能决策支持，将共同赋能区块链系统，提升其数据处理效能与智能化水平，共同描绘未来科技发展的壮丽蓝图。

（3）应用拓展：多领域赋能的广阔前景。

区块链技术的应用边界将不断延伸，超越金融领域，深入供应链管理、版权保护、物联网、医疗健康、能源交易等领域。在供应链管理中，区块链能够确保信息透明与可追溯；在版权保护领域，它能有效维护创作者权益；在物联网与医疗健康领域，区块链技术将提升系统效率与数据安全性；而在能源交易中，它将构建更为公平、透明的市场环境。

（4）法规完善：构建健康发展的制度保障。

随着区块链技术的广泛应用，各国政府都在持续优化相关法规与政策框架，为行业发展提供坚实的法律支撑。政策内容将涵盖技术标准化、数据安全、隐私保护、反洗钱与反恐怖融资等多个维度，确保区块链技术在合法合规的基础上稳健前行。

（5）生态共建：跨行业协作与共赢格局。

区块链技术将促进跨行业交流与合作，打破传统行业壁垒，构建开放共享的产业生态。企业间可通过区块链平台实现高效数据交换与业务协同，形成紧密的合作网络，推动经济社会整体向数字化、智能化方向转型，共创繁荣未来。

2. 结论

区块链技术，以其独特的分布式架构、数据不可篡改性、高透明度以及强大的安全性，构建了一个全新的信任机制，成为数字经济的核心支撑。相较于传统中心化系统，区块链有效地解决了信任问题，确保了数据的真实性与完整性，为数字时代的交易和信息交互构建了信任基础。

区块链技术在推动工业 4.0、智慧城市构建，以及金融、供应链、公共服务等领域的革新中，具有不可或缺的作用。它通过提升数据管理效率、增强业务流程透明度，加速了各行业的数字化转型步伐，为社会整体的数字化进程注入了强劲动力。智能合约等基于区块链的可编程创新应用，正逐步重构传统商业模式，为企业与个人提供了极大的灵活性与自主权。这些创新不仅催生了新型的商业机会与盈利模式，还持续激发着数字经济领域的创新活力，推动着经济结构的优化升级。

尽管区块链技术在数字经济中展现出巨大潜能，但仍需应对技术成熟度不够、法规适应性不足、成本不可控等方面的挑战。然而，伴随技术的不断创新和政策环境的不断完善，这些障碍将逐步被克服。

展望未来，区块链技术的进一步发展与应用场景的持续扩展，预示着它将在数字经济中扮演更加关键的角色。无论是在金融、供应链管理领域，还是在公共服务领域，区块链都将作为核心驱动力，引领我们进入一个更加高效、透明、安全的数字经济新时代。

4.2 隐私计算技术

在当今数字化浪潮中，数据蕴含的价值日益受到重视。而数据的隐私与安全也成为了数字化进程中不可回避的重要议题。在此背景下，隐私计算技术凭借其独特的技术特性和创新性应用，为数据的隐私与安全提供全方位的保护。本章节将引导读者全面解析隐私计算技术在数据保护领域的广泛应用、显著优势、面临的挑战及其未来的发展前景。

4.2.1 隐私计算技术概述

隐私计算技术是连接数据隐私保护与分析处理的“桥梁”。它融合了多方安全计算、可信执行环境、联邦学习等先进理论，使得在不泄露隐私的同时，数据依然能够被有效分析与利用。

（1）隐私计算技术的核心理念。

隐私计算技术的核心，是在保障数据隐私的前提下，最大化其价值与使用效率。这一理念通过双重机制实现：①运用加密、匿名化、扰动等技术对原始数据进行处理，确保数据的隐私性不被侵犯；②借助特定的算法与协议，确保处理后的数据依然具备高度的挖掘分析价值。

（2）隐私计算技术的主要策略。

隐私计算技术，通过融合多种先进策略，为数据的隐私保护与安全共享构建了一道坚实的防线。下面介绍隐私计算技术中三种主要的策略，它们共同构筑了数据安全的坚实壁垒。

多方安全计算（Multi-Party Computation，MPC）是一种密码学协议，它允许多个参与者在无须透露彼此数据细节的前提下，共同计算一个函数的结果。这一技术的核心在于，即使在缺乏可信第三方的情况下，也能确保每位参与者的输入数据在整个计算过程中保持私密。通过复杂的密码学机制，多方安全计算实现了数据的加密传输与处理，确保了数据的机密性与完整性。

可信执行环境（Trusted Execution Environment，TEE）是一种结合了硬件与软件安全机制的解决方案，旨在为数据处理提供一个隔离、安全的执行空间。TEE 技术通过创建一个受保护的区域，使得应用程序和数据可以在其中安全运行，有效防止外部恶意访问与数据泄露。这为敏感数据的处理提供了必要的安全隔离，增强了数据在存储与计算过程中的安全性。

联邦学习是一种分布式机器学习框架，它允许不同组织或个人在不直接共享原始数据的前提下，共同训练一个全局模型。通过在本地设备上进行数据处理与模型训练，然后仅共享模型的更新参数，联邦学习实现了数据的隐私保护与模型的协同优化。这种方法不仅保护了数据源的隐私，还促进了数据价值的高效利用，为跨组织的数据合作提供了可行途径。

隐私计算技术的出现，为数字时代的数据安全与隐私保护开辟了新道路。随着隐私计算技术的不断演进与应用场景的拓展，其在金融、医疗、科研等多个领域发挥重要作用，为构建更加安全、可信的数据共享与利用机制提供强大支撑。随着相关技术标准的完善与法律法规的健全，隐私计算技术的应用将更加广泛，为全球数字化转型注入更多信心与动力。

4.2.2　隐私计算技术的优势

隐私计算技术，作为一种前沿的数据处理与分析方法，通过一系列创新技术手段，构建了一套既能保护数据隐私又能实现数据价值最大化的机制。其核心优势体现在以下几个方面，共同为数据的合规流通与高效利用提供了坚实的技术支撑。

（1）原始数据不出库。

在传统数据处理流程中，原始数据的频繁传输与集中处理往往伴随着数据泄露的风险。而隐私计算技术颠覆了这一传统模式，让原始数据无须离开其所属数据库，即可在加密状态下进行复杂运算。借助安全多方计算、可信执行环境等先进技术，数据在处理过程中始终保持保密状态，即使在分布式计算与存储环境中，也能确保数据安全无虞。

（2）数据可用不可见。

传统数据处理中，数据的直接暴露往往导致隐私泄露。隐私计算技术通过采用加密算法、匿名化处理等手段，确保数据在保持计算与分析功能的同时，其具体内容难以被直接获取。这种“数据可用不可见”的特性，既保护了数据隐私，也为数据的合规流通与高效利用提供了前提条件。

（3）数据使用可控可计量。

在隐私计算技术的框架下，数据的使用不再盲目无序。数据所有者或管理者能够设定严格的使用权限与范围，未经授权无法访问数据。同时，隐私计算技术还支持对数据使用行为进行实时监控与记录，包括访问时间、方式、目的等，确保数据流向的透明与可控。灵活的数据定价与计费机制，使得数据使用价值与费用相匹配，促进了数据的合规流通与高效利用。

（4）权属分离与数据价值最大化。

传统数据处理中，数据所有权与使用权的绑定限制了数据的流通与价值挖掘。隐私计算技术通过权属分离，实现了数据所有权与使用权的解耦。数据所有者可以将使用权授予多个主体，无须转移所有权，从而促进数据的广泛共享与创新应用。加密算法、访问控制列表、智能合约等技术的应用，确保了数据访问与使用的安全可控，为数据的合规流通与价值最大化提供了有力保障。

4.2.3 隐私计算技术在数据保护中的应用

隐私计算技术不仅为数据隐私与安全筑起屏障，更促进了数据的合规流通与高效利用，成为数字时代数据治理的关键一环。下面将深入探讨隐私计算技术在不同领域中的具体应用及其未来发展趋势。

（1）金融行业的数据“守护神”。

在金融领域，隐私计算技术尤其是多方安全计算与联邦学习技术，正成为数据安全与高效分析的基石。多方安全计算技术允许金融机构在不直接接触客户敏感信息的前提下，进行深度数据分析。例如，信贷审批中，银行可以利用多方安全计算技术综合评估客户信用，既保障了隐私，又提高了审批效率与准确性。联邦学习则让多家金融机构能够在不共享原始数据的情况下，共同训练模型，提升反欺诈能力，保护数据隐私的同时，增强了模型的预测精度。

（2）医疗健康领域的隐私“守护者”。

医疗数据的隐私与安全至关重要，可信执行环境技术为医疗数据处理提供了安全的执行空间。在远程医疗中，可信执行环境技术确保医生能够安全地分析患者数据，进行诊断而不泄露信息。此外，隐私计算技术还促进了医疗机构之间的数据共享，推动医学研究进展与医疗服务质量的提升，实现了数据价值最大化的同时，严格保护了患者隐私。

（3）政府数据的坚实“屏障”。

隐私计算技术为政府数据保护提供了高效解决方案，多方安全计算技术使政府机构能够在不泄露原始数据的情况下进行数据分析，为政策制定提供科学依据。同时，隐私计算技术还促进了政府部门之间的数据合规共享，提高了服务效率，确保了数据安全与隐私。

（4）跨行业合作的“桥梁”。

隐私计算技术打破了行业数据孤岛，促进了跨行业数据流通与合作。在智能交通、智能制造等领域，隐私计算技术允许不同部门和企业安全共享数据，共同优化策略与技术，推动了行业创新与升级，实现了数据价值与商业机密的双重保护。

4.2.4 隐私计算技术的挑战与前景

1. 隐私计算技术面临的挑战

隐私计算技术作为数据安全与隐私保护领域的新兴力量，虽然展现出了巨大的潜力，但在其推广应用的道路上，仍然面临着来自技术、法律、社会，以及信任与安全等多方面的挑战。这些挑战在一定程度上制约了隐私计算技术的进一步发展与广泛应用，但也为技术进步与政策完善提供了明确的方向。

（1）技术层面的挑战与应对策略。

① 性能与效率的平衡。在追求数据隐私保护的同时，如何确保处理性能不受损，是隐私计算技术面临的关键挑战之一。加密、解密以及复杂计算带来的额外开销，要求技术方案在隐私保护与性能效率之间找到最佳平衡点。

② 兼容性与互操作性。隐私计算技术涉及多种算法与协议，实现不同技术间的无缝对接与协同工作，对于技术的推广与应用至关重要。技术的兼容性与互操作性是提升隐私计算技术实用性的关键。

③ 算法的持续优化。随着数据处理需求的复杂化和安全标准的提升，隐私计算技术需不断更新与优化，以适应不断变化的环境。研发团队需具备持续创新与技术迭代的能力，以确保隐私计算技术的先进性与竞争力。

（2）法律与政策层面的挑战与应对策略。

① 法律法规的滞后性。隐私计算技术的发展速度快于法律法规的更新速度，监管空白和法律风险须得到及时关注与解决。政府与立法机构应加快相关法律法规的制定与完善，为隐私计算技术的应用提供明确的法律指导与支持。

② 跨境数据流动的复杂性。在全球化背景下，不同国家和地区的数据安全与隐私保护法律存在差异，隐私计算技术的跨国应用需遵循复杂的法律框架。建立国际共识与合作机制，促进国际数据安全与隐私保护法律的协调与一致，是解决跨境数据流动难题的关键。

③ 合规性与审计要求。企业需严格遵守相关法规，并接受第三方的审计与监管。建立健全的合规体系，提高技术应用的透明度，是企业应对合规性与审计要求的重要策略。

（3）社会经济层面的挑战与应对策略。

① 市场接受度。隐私计算技术的市场接受度是其推广应用的重要因

素。企业与个人对新技术的信任与认可，须通过成功案例、技术示范与教育普及等途径逐步建立。

② 成本与投资回报。隐私计算技术的实施与维护成本较高，短期内实现投资回报的难度较大。政府与行业组织可以通过补贴、税收优惠等政策，减轻企业负担，促进技术的广泛应用。

③ 人才培养与技能缺口。隐私计算技术对人才的专业性要求高，人才储备与技能培养是技术发展的长期任务。建立产学研合作机制，加强人才培养与构建技能认证体系，是弥补技能缺口的有效途径。

（4）信任与隐私保护的挑战与应对策略。

① 信任机制的建立与维护。在隐私计算技术的应用中，信任是数据共享与合作的基础。建立健全的信任体系，提升技术透明度，是推动隐私计算技术广泛应用的前提。

② 隐私保护与数据效用的平衡。在确保个人隐私的同时，如何保持数据的效用与价值，是隐私计算技术设计与应用的关键。技术方案需在隐私保护与数据效用之间找到平衡点，以实现数据价值的最大化。

面对隐私计算技术发展道路上的挑战，政府、企业、研究机构和公众需共同努力，从技术、法律、社会经济以及信任与隐私保护等多角度出发，推动隐私计算技术的进一步发展与应用。通过加强技术研发、完善法律法规、提升市场接受度、优化成本结构、培养专业人才、建立信任机制以及平衡隐私保护与数据效用，隐私计算技术有望在数字经济时代发挥更大的作用，为构建更加安全、高效、智能的数据生态作出贡献。

2. 隐私计算技术的发展前景

隐私计算技术，因其独特的技术优势与创新应用，未来发展前景广阔，充满无限可能。

（1）技术革新。

隐私计算技术涵盖了安全多方计算、可信执行环境、联邦学习等多个技术，正不断深化研究与实践，探索技术的新边界。安全多方计算技术在算法优化与计算效率上持续突破，以满足更大规模、更复杂场景下的数据处理需求；可信执行环境技术通过硬件级别的安全执行环境，为云计算、边缘计算等场景提供更坚固的防护屏障；联邦学习技术则在保障数据隐私的同时，不断追求模型精度的提升与通信效率的优化。

（2）跨领域融合。

隐私计算技术正逐步与多个领域深度融合，催生出一系列创新应用。在金融领域，隐私计算技术助力风控、信贷评估等业务的智能化与个性化发展；在医疗健康领域，它支持医疗数据的安全共享与精准分析；在智能交通领域，隐私计算技术保护用户位置与行驶数据的安全，同时促进系统优化与智能决策。

（3）标准化与产业协同。

标准化建设是隐私计算技术发展的关键支撑。相关标准化组织正不断完善该技术标准，降低技术实施的复杂性和成本，促进不同系统间的互联互通。同时，产业链的完善将推动硬件设备研制、软件开发、系统集成、运营服务等环节的协同发展，为隐私计算技术的创新与应用提供坚实保障。

（4）政策法规支持。

政策法规在隐私计算技术发展中扮演着不可或缺的角色。各国政府将持续完善数据隐私保护法规，明确数据主体的权利与责任，为相关技术发展提供法律保障。产业政策扶持将为企业在隐私计算技术领域的研发投入提供支持，推动隐私计算技术创新与应用。

（5）国际合作与交流。

面对全球性的数据安全与隐私保护挑战，国际合作与交流至关重要。各国研究机构与企业将加强技术交流与合作，共同研发新技术、新方法，推动隐私计算技术的全球化发展。国际社会将共同努力制定和完善相关国际标准与规范，促进该技术的全球推广与应用。

（6）商业模式创新。

隐私计算技术的发展将带动基础产品服务市场与数据运营市场的繁荣。企业将提供软件产品、技术服务与解决方案，满足日益增长的数据安全需求。基于隐私计算平台的数据增值、智能模型等服务将不断涌现，最终形成庞大的数据运营市场。

（7）社会认知与接受度。

随着隐私计算技术的普及与发展，社会公众对数据安全与隐私保护的认知将不断提升。通过媒体宣传、教育培训等途径，提高公众意识，增强对隐私计算技术的了解与信任。随着用户需求的增长，隐私计算技术将得到更广泛地应用与发展。

隐私计算技术，在技术革新、跨领域融合、标准化与产业协同、政策法规支持、国际合作与交流、商业模式创新，以及社会认识与接受度方面拥有广阔前景，正逐步成为数据安全与隐私保护领域的中流砥柱。隐私计算技术在未来的数字化时代中将发挥更大的作用，为全球数据安全与隐私保护贡献力量。

3. 结论

在数据保护的广袤领域中，隐私计算技术颠覆了传统数据处理中数据集中存储与处理的模式，通过分布式存储与计算的方式，让数据无需离开本地即可完成高效分析与处理，大幅降低了数据泄露的风险。此外，借助多方安全计算、可信执行环境等技术，隐私计算技术确保了在多方参与计算的过程中，各方只能获取自身的计算结果，而无法窥探他人的数据，从而切实保障了数据的隐私安全。

隐私计算技术不仅守护着数据隐私，更推动了数据利用率的快速提升。以往，因担忧数据泄露与滥用，许多机构与企业在数据共享与合作方面踌躇不前。然而，隐私计算技术的出现破解了这一难题，它在不暴露原始数据的前提下，实现了数据的共享与计算，极大提高了数据利用效率，为科研合作、商业分析等领域带来了实质性的助力。

隐私计算技术还打破了数据孤岛，促进了不同机构与企业之间的数据互通与共享，丰富了数据内涵，推动了跨行业合作与创新。例如，在医疗领域，隐私计算技术使不同医疗机构能够安全地共享与分析数据，为医学研究提供了宝贵资源。

然而，如同所有新兴技术一样，隐私计算技术的发展与应用也面临着挑战。技术与计算效率的平衡、数据可用性与隐私保护的权衡，以及法律与监管环境的完善，都是亟待解决的问题。为此，持续的技术研发与创新、合理的算法设计与参数调整，以及法律与政策环境的优化，是推动隐私计算技术走向成熟与广泛应用的关键。

4.3 大模型技术

4.3.1 大模型技术的发展概述

在科技浪潮的推动下，人工智能技术已成为当今社会发展的核心驱动力。从符号逻辑系统到机器学习，再到深度学习，每一次技术飞跃都深刻影响着我们的生产与生活方式。如今，人工智能技术已渗透至医疗、教育、交通、金融等众多领域，推动社会创新与进步。

人工智能技术的演进，显著提升了数据处理与分析能力，使计算机能够更精确地理解与模拟人类思维与行为。尤其在大数据与云计算的支持下，人工智能技术能够深入挖掘数据价值，为各行业提供更精准、高效的解决方案。

大模型技术，作为人工智能领域的新秀，正逐渐崭露头角。这些模型拥有庞大的参数规模与复杂的结构，凭借海量训练数据，能够掌握强大的知识表示能力。大模型技术的崛起，归功于计算机计算能力的提升、大数据的积累与深度学习算法的优化。这些模型不仅能够完成复杂精细的任务，还具备预训练与迁移学习的能力，可在新任务中快速适应并表现优异，因此大模型技术的重要性不言而喻。

（1）卓越表示与泛化能力。通过大规模训练数据与先进的预训练技术，大模型能够学习更精确的特征表示，提高任务准确率。

（2）推动行业创新。在自然语言处理、计算机视觉、智能推荐、智能制造等领域，大模型正助力企业与研究者攻克难题，推动技术进步与产业升级。

（3）促进跨领域应用融合。大模型通过预训练与微调操作，轻松实现在不同领域的知识迁移与应用，促进跨领域融合与创新。

综上所述，大模型技术的崛起是人工智能技术发展的一个重要里程碑。随着技术进步与应用场景的拓展，大模型技术将在未来发挥更加重要的作用，引领人工智能技术的持续发展与不断创新。

4.3.2　大模型技术的基础与原理

大模型技术凭借其卓越的学习与泛化能力，正吸引着全球研究者们的广泛关注。本节将从大模型的定义与概览、主要特点、独有特性，以及构建与训练方法等方面，全面解析大模型技术的精妙之处。

（1）定义与概览。

大模型技术是基于海量数据与强大计算能力，通过深度学习算法构建的拥有庞大参数量的机器学习模型。这些模型，通过复杂的神经网络结构，能够深入挖掘数据中的深层特征与内在关联，广泛应用于自然语言处理、计算机视觉、语音识别等领域，致力于提升模型的准确性和泛化能力。

（2）主要特点。

① 参数规模庞大。大模型拥有数十亿至数万亿的参数，形成了一个庞大的参数集合。这些参数在训练过程中进行动态调整，捕捉数据的细微差异与复杂关系，从而赋予模型卓越的表达与学习能力。

② 泛化能力强。依托海量参数，大模型能够学习和记忆大量信息与模式，对自然语言理解、图像识别等复杂任务进行精准处理，捕捉深层特征，提高预测与分类准确性。

③ 训练数据多。大模型训练需要海量、多样且具代表性的数据，以确保模型学习到全面的数据内在规律与模式，增强其泛化能力。

④ 计算能力强大。高性能计算资源，如图形处理器（Graphics Processing Unit，GPU）加速、分布式计算与并行计算技术，为大模型的训练与推理提供必要支持。

⑤ 迁移方便。大模型具备优秀的迁移学习能力，通过微调等策略，可快速适应新领域或新任务，显著降低模型开发成本与周期。

（3）独有特性。

与传统小模型相比，大模型在参数规模、学习能力、数据需求与计算资源方面展现出显著优势。小模型适用于简单任务，而大模型则能应对复杂挑战，展现更强的泛化与迁移学习能力。与集成学习方法相比，大模型侧重于单一模型性能的提升，从而实现更高效、简洁的训练与推理过程。

（4）构建与训练方法。

构建与训练大模型是一项综合性工程，涉及数据准备、模型结构设计、训练策略制定及硬件与软件环境配置等关键环节。

① 数据准备。广泛收集与任务相关的高质量数据，进行清洗、标注等预处理操作，确保数据的多样性与代表性。

② 模型结构设计。根据任务复杂性、数据特性及计算资源，精心设计模型结构，优化超参数，以使模型达到最佳性能。

③ 训练策略制定。选择合适的优化算法、调整学习率、应用正则化方法、利用批处理与并行计算等训练策略，提升训练效率与模型性能。

④ 硬件与软件环境配置。配置高性能计算资源与深度学习框架，利用加速库与分布式计算框架，支撑大规模数据处理与模型高效训练。

（5）常用大模型架构与算法。

在深度学习领域，有许多著名的大规模预训练模型架构和算法。这些模型通常在大量的无标注数据上进行预训练，然后在特定任务上进行微调以达到出色的表现。以下是自然语言处理（Natural Language Processing，NLP）领域几个常用的大规模预训练模型架构与算法。

① BERT（Bidirectional Encoder Representations from Transformers）：BERT 是由 Google 在 2018 年提出的，标志着 NLP 领域的一个重要里程碑。它使用 Transformer 架构来实现双向编码器，这使得模型在理解语言的上下文方面取得了革命性的进步。

② GPT（Generative Pre-trained Transformer）：随着 BERT 的成功，OpenAI 推出 GPT 系列模型将焦点转向了文本生成任务。GPT 以其生成连贯、符合逻辑文本的能力，为创造性写作和对话系统等领域开辟了新的可能性。

③ RoBERTa（Robustly Optimized BERT Pretraining Approach）：RoBERTa 的出现是对 BERT 的直接优化，通过增加数据量和改进训练策

略，进一步提升了模型的性能和鲁棒性，这证明了持续的模型迭代在 NLP 发展中的重要性。

④ T5（Text-to-Text Transfer Transformer）：T5 的提出，将多种 NLP 任务统一为文本到文本的问题，这一创新的方法简化了任务处理流程，同时保持了处理的高效性和灵活性。

⑤ DistilBERT：面对资源受限的应用场景，DistilBERT 的开发展示了模型压缩技术的进步。通过知识蒸馏，DistilBERT 在减少模型大小的同时，尽可能保留了 BERT 的性能，为模型的广泛部署提供了便利。

4.3.3 大模型技术智能化处理应用详解

1. 自然语言处理（NLP）

随着深度学习与大数字技术的飞跃，大模型技术在智能化处理中的作用越来越大。特别是在 NLP 领域中，大模型技术的融入不仅提升了处理精度，更拓展了其应用的边界。大模型技术在 NLP 中的核心应用分别是：文本分类与情感分析、语言模型与文本生成、问答系统与智能对话、命名实体识别与关系抽取、机器翻译与语音识别。下面将逐一剖析大模型技术在 NLP 五大核心应用领域的创新实践成果。

（1）文本分类与情感分析。

大模型技术革新了文本分类与情感分析的传统范式，用自动化深度特征学习替代了烦琐的手工特征提取过程。在文本分类任务中，大模型通过对原始文本的直接处理，高效提取关键特征。尤其在情感分析领域，大模型不仅大幅降低了对外部情感词汇的依赖，还能深入理解文本上下文，准确辨识讽刺、反语等复杂情感表达，甚至实现多模态情感分析，捕捉细微情感变化。

（2）语言模型与文本生成。

大模型技术在语言模型与文本生成方面实现了质的飞跃。以 Transformer 为代表的先进架构，凭借其卓越的长距离依赖捕捉能力，能够生成丰富多样、逻辑连贯的文本内容。无论是创意写作、新闻摘要、文本简化，还是定制化内容创作，大模型均能根据特定需求，输出高质量、风格统一的文本，极大地拓宽了自然语言生成的应用边界。

（3）问答系统与智能对话。

在问答系统与智能对话场景中，大模型技术成为驱动智能化交互的核心力量。其强大的语义理解能力，使得问答系统不仅能准确捕捉用户意图，提供精准答案，还支持多轮连续对话，给予用户自然流畅的交流体验。同时，大模型能够识别并响应用户情感状态，实现人性化的情感互动，为智能客服、虚拟助手等应用带来革命性升级。

（4）命名实体识别与关系抽取。

大模型技术在命名实体识别与关系抽取领域展现出卓越效能。针对复杂文本，大模型能够精准识别包括人名、地名、组织机构在内的多种命名实体类型，有效处理嵌套与重叠实体难题。在关系抽取方面，大模型通过自动识别实体间关联进而大幅降低人工标注需求，尤其在远程监督学习框架下，大模型能够高效构建高质量的知识图谱，深化语义理解能力。

（5）机器翻译与语音识别。

在机器翻译与语音识别领域，大模型技术展现出跨语言沟通的强大潜力。通过端到端的翻译框架和支持多语种互译的能力，大模型能够深入理解源语言语境，生成准确流畅的目标语言译文。在语音识别方面，大模型显著提升了声学模型与语言模型的准确性，即使在嘈杂环境中，也能保持稳定的识别率，为多语种识别开辟了广阔前景。

综上所述，大模型技术凭借其深度学习能力与海量数据处理优势，在自然语言处理的多个关键领域实现了颠覆性突破。从文本分类到情感分析，从语言模型到文本生成，从问答系统到智能对话，再到命名实体识别、关系抽取，以及机器翻译与语音识别，大模型技术正以前所未有的速度与精度，推动自然语言处理向着更加智能化、人性化的方向迈进，为人类社会的信息交流与知识创造提供强有力的支持。

2. 计算机视觉

计算机视觉是人工智能的一个重要分支，其研究领域涵盖了从微观到宏观的视觉信息处理，包括目标检测与图像识别、图像分割与语义理解、视频分析与行为识别、3D 建模与虚拟现实等。计算机视觉旨在通过对图像和视频数据的精细处理与分析，实现对这类数据的自动化识别、深度理解和智能交互。下面将对这四大研究领域进行深入的探索。

（1）目标检测与图像识别。

目标检测，是计算机视觉领域的核心技术之一，其使命在于从纷繁复杂的图像中精准地定位和识别出目标物体。随着深度学习技术的蓬勃发展，目标检测的准确性和实时性均取得了质的飞跃。无论是安防监控、自动驾驶还是智能机器人等领域，目标检测技术都发挥着举足轻重的作用，极大地提升了公共安全与交通管理的效率。

图像识别技术，则是对图像中特定目标进行分类和识别的技术。借助深度学习技术，图像识别系统能够自动提取图像中的细微特征，并与预训练的模型进行高效匹配，从而实现对图像目标的精准识别。在人脸识别、指纹识别、物体识别等领域，图像识别技术均展现出了强大的识别能力。

（2）图像分割与语义理解。

图像分割的目标是将图像划分为具有相似性质的多个区域。基于深度学习的图像分割方法已经取得了显著成就，如全卷积网络（Full Convolutional Network，FCN）、U-Net 等模型，它们能够实现像素级的精准分割。

语义理解，则是对图像中目标的深层含义和上下文关系进行深入剖析的过程。它旨在从图像中提取出丰富的语义信息，以更准确地把握图像的内容和意图。在智能问答、图像描述生成等领域，语义理解技术均展现出了其广泛的应用前景。

（3）视频分析与行为识别。

视频分析，是计算机视觉领域的又一重要研究方向。通过对视频中的每一帧进行细致分析，我们可以提取出有用的信息和特征，实现对视频中目标的跟踪、行为识别、场景理解等任务。这些技术在智能监控、人机交互、体育视频分析等领域均有着广泛的应用前景。

行为识别，作为视频分析的重要应用方向之一，其目的在于通过对视频中的人体动作进行深入分析和识别，理解其行为意图。在智能安防、人机交互等领域，行为识别技术均发挥着举足轻重的作用。借助深度学习技术，如卷积神经网络（Convolutional Neural Network，CNN）和循环神经网络（Recurrent Neural Network，RNN）等，行为识别技术已经取得了显著的进步。

（4）3D 建模与虚拟现实。

采用 3D 建模技术能创造出栩栩如生的三维场景与物体模型，为后续的渲染、动画等艺术加工提供基础。如今，基于深度学习的 3D 建模技术已取得突破性进展，如基于生成对抗网络（Generative Adversarial Network，GAN）的模型生成技术，更是让三维世界呈现出前所未有的逼真与细腻效果。

虚拟现实（Virtual Reality，VR）技术，模拟了人的视听、触觉等感官，让人们能够沉浸于一个完全虚拟的世界中进行互动、感知。当 3D 建模与 VR 技术相互交融，便为用户带来了一种前所未有的沉浸式的体验。在游戏领域，VR 技术让玩家仿佛身临其境；在教育领域，VR 技术则以生动、直观的方式传授知识；在医疗领域，VR 技术助力医生进行手术模拟与训练，为患者带来福音。

随着技术的不断演进，3D 建模与 VR 技术将在更多领域展现出无尽的魅力。在建筑设计中，它们可模拟出逼真的建筑景观，供设计师预览；在影视制作中，它们能创造出如梦似幻的场景与角色；在军事领域，它们更是成为模拟演练的得力助手。

计算机视觉在各个领域都有着广泛的应用前景与巨大的发展潜力。随着深度学习技术的不断进步与完善，以及大数据时代的来临，我们期待着更多创新的算法与模型涌现，引领计算机视觉技术迈向新的高峰。

4.3.4 大模型技术的挑战与前景

大模型技术，作为人工智能领域的前沿技术，近年来受到了广泛的关注和深入的研究。然而，随着技术的深入应用，一系列挑战也逐渐显现出来。下面将详细探讨大模型技术所面临的三大主要挑战——数据隐私与安全问题、模型可解释性与透明度问题、计算资源与效率问题，并对其未来发展趋势进行展望。

（1）数据隐私与安全问题。

大模型技术的卓越表现，背后是对海量数据的深度挖掘与利用。这些数据，无论是用户个人信息、交易记录还是行为轨迹，都承载着用户的隐私。然而，在大数据的洪流中，如何保护这些隐私，防止其受到侵害，成为了我们必须正视的问题。

在大模型训练的庞大体系中，数据需要在不同的服务器与计算节点间流转与存储。在这一过程中，若安全措施稍有疏忽，便可能有被黑客攻击或被内部人员泄露数据的风险。一旦数据泄露，用户有可能被置于危险的境地，诈骗、身份盗窃等风险随之而来。为了筑起坚固的数据防线，我们需要加强数据传输与存储过程中的安全防护。加密技术，如同为数据披上了一层防护罩，能有效保障数据在传输与存储过程中的安全。同时，需要建立严密的数据访问与使用权限管理机制，确保每一份数据都只能在授权范围内被访问和使用。

数据滥用是另一大不容忽视的威胁。不法分子可能利用用户数据进行非法活动，如恶意营销、电信诈骗等，严重损害用户利益。此外，若企业或个人未经用户同意擅自使用其数据，亦是对用户隐私的极大侵犯。为了遏制数据滥用的蔓延，我们需要强化相关法律法规的制定与完善。明确数据收集、使用、共享与销毁的规范与要求，确保每一份数据的使用都合乎法律与伦理。同时，需要建立健全的数据监管机制，对数据的使用情况进行实时追踪与审查，一旦发现滥用行为，立即予以制止与惩罚。

（2）模型可解释性与透明度问题。

大模型技术，尤其是深度学习模型的内部机理，常常因复杂的网络架构和参数设置而显得神秘莫测。这种深层的复杂性使得模型的决策过程难以被直观地理解或解释。在诸如金融决策、医疗诊断等关乎重大利益与风险的领域，模型的这种“黑箱”特性往往会引发公众的疑虑与不信任。

由于大模型决策过程的不透明性，用户对其输出的结果往往持怀疑态度，这种信任危机成为大模型技术在更广泛领域进行应用与推广的阻碍。为了打破这一困境，我们必须加强对模型可解释性与透明度的研究。通过发展新的解释性技术和可视化工具，可以让用户更直观地理解其背后的逻辑与原理，从而提高对大模型技术决策结果的信任与接受度。

当大模型技术出现错误决策时，由于模型内部机理的复杂性，往往难以明确责任主体和追责依据。这不仅可能导致法律纠纷与争议，还可能削弱公众对大模型技术的信心。为了规避这一风险，我们需要建立完善的法律责任认定机制：首先，要明确模型开发者和使用者的责任与义务，以及错误决策可能带来的法律后果；其次，加强模型的可追溯性和可审计性研究，确保在出现问题时能够迅速定位责任主体并进行相应的处理。这样，不仅能够保护用户的合法权益，还能为大模型技术的健康发展提供坚实的法律保障。

（3）计算资源与效率问题。

在探索大模型技术的过程中，我们面临着计算资源与效率的双重挑战。随着模型日趋庞大，数据如潮水般涌来，对计算资源的需求和效率要求也愈发严苛。

大模型技术的训练和推理过程，需要海量的计算资源进行支撑，无论是大规模的矩阵运算还是深度学习计算，都对计算资源提出了极高的要求。为满足这一需求，高性能计算机集群和云计算服务成为了不可或缺的助手。然而，这些计算资源成本高昂，而且随着技术的飞速发展和模型规模的持续增长，对计算资源的需求越来越大。

为了破解这一难题，我们需要加强对计算资源的优化和共享研究。通过算法的优化和模型结构的精简，可以降低对计算资源的依赖；同时，分布式计算和云计算等新型计算模式的探索，将提供更高效、更灵活的计算资源利用方式；此外，建立计算资源共享平台，不仅能降低单个用户或企业的计算成本，还能促进计算资源的优化配置和高效利用。

随着模型规模和数据量的激增，大模型技术的训练和推理效率面临着严峻的挑战。长时间的训练和推理过程不仅增加了时间成本，还可能对模型的实时性和响应速度产生不利影响。为了提升训练和推理效率，我们可以从多个方面入手：其一，研究更高效的优化算法和训练技术，以缩短训练时间并提高模型性能；其二，通过模型压缩、剪枝等模型简化技术，可以缩小模型规模，降低计算复杂度，从而提高计算效率；其三，采用硬件加速技术（如图像处理单元、张量处理单元等），可以显著增强模型训练和推理过程的速度，促进大模型技术的发展。

（4）大模型技术的未来发展趋势。

尽管大模型技术面临着诸多挑战，但随着技术的不断革新与突破，其未来发展趋势仍旧充满无限可能。下面对大模型技术未来发展趋势进行展望。

为了追求更高的准确性与泛化能力，未来的大模型规模将实现跨越式的增长。随着计算资源的日益丰富与算法优化技术的蓬勃发展，我们有理由期待更加庞大、更加复杂的大模型出现。这些模型将能够处理海量的数据，应对更复杂的任务，为各个领域带来前所未有的变革与发展机遇。

在图像、文本、语音、视频等多模态数据日益丰富的背景下，如何将这些不同形式的信息有效融合，成为大模型技术发展的重要方向。未来的大模型技术将不再局限于处理单一的文本或图像数据，而是能够全面理解和分析多种类型的数据。例如，在智能问答系统中，用户可以通过语音或文字提出问题，系统则能够结合相关的图像、视频等信息，为用户提供更为精准、全面的答案。

大模型技术已在自然语言处理、计算机视觉等领域取得显著成果，但未来的发展空间远不止于此。随着技术的不断进步，大模型技术有望在更多领域大放异彩，如生物医学、金融分析、智能制造等。在这些领域中，大模型技术将能够处理更为复杂的任务和数据，为专业人士提供强大的决策支持与辅助工具。

面对用户需求的多样化，未来的大模型将更加注重个性化和自适应能力。大模型将能够根据用户的偏好、行为和环境等因素进行动态调整，为用户提供更加贴心、个性化的服务。例如，在推荐系统中，大模型技术能够根据用户的浏览历史和购买行为，为用户推荐更符合其兴趣和需求的商品或服务。

强化学习具有与环境交互来学习最优决策的特点，可为大模型技术提供新的发展契机。未来，大模型技术将与强化学习紧密地结合，使模型能够在复杂环境中自主学习和进化。这种结合将使模型能够根据实时的反馈信息进行自我优化和调整，以适应不断变化的环境和任务需求。

随着大模型技术在各个领域的广泛应用，模型的鲁棒性和可靠性问题也日益受到关注。未来的大模型技术将更加注重对对抗样本、噪声数据等干扰因素的处理能力，以提高模型的稳定性和安全性。通过研究对抗训练、数据增强等技术手段，我们可以期待大模型技术在面对各种挑战时展现出更加稳健的性能。

在数据隐私和安全问题日益突出的今天，未来的大模型技术将更加注重用户数据的隐私保护和数据安全。它通过采用差分隐私、联邦学习等隐私计算技术，可以实现对用户数据的严密保护；同时，加强数据加密和访问控制等安全措施，确保数据在传输、存储和使用过程中的安全性。

（5）结论。

随着技术的演进，大模型技术已不再只是简单的数据处理工具，还能够攻克复杂难题。下面将总结大模型技术在智能化处理中的核心作用。

大模型技术以其独特的深度学习算法，实现了在数据处理领域的革命性飞跃。无需繁重的人工特征提取，模型能够自动捕捉数据中的关键特征，极大地提升了数据处理效率和准确性。这一革新不仅减轻了人工负担，更使模型能够驾驭复杂多变的数据类型，如自然语言处理中文本数据类型。

大模型技术凭借其庞大的参数和复杂的网络结构，能够深入学习数据中的细微差别和内在规律。这使得模型在处理新数据时展现出卓越的泛化能力，即便是面对未知数据，也能作出精准预测和分类。在图像识别等领域，大模型已证明其具有无可比拟的识别能力。

大模型技术具备同时处理多个任务的能力，通过共享底层特征和网络参数，实现了多任务间的协同学习与优化。此外，大模型技术还能将在一个任务中学到的知识迁移至其他相关任务中进行应用，大大加速了新任务的学习进程。

随着数据的不断累积和模型的持续优化，大模型展现出强大的持续学习能力。通过不断学习新数据，大模型能够与时俱进，保持先进性和准确性。在推荐系统等实际应用中，大模型能够持续更新推荐算法，以更好地满足用户的个性化需求。

4.4　数字技术的典型应用

4.4.1　智能推荐系统

智能推荐系统作为现代信息技术的集大成者，从电商平台上的商品精选，到音乐应用中的歌单推荐，再到视频平台的影视佳作推送，智能推荐系统以其独特的魅力，为我们带来良好的个性化服务体验。下面将从用户画像的精细描绘、内容推荐算法的匠心独运、个性化广告与内容的精准投放，以及智能推荐系统的评估与优化这四个维度，来探讨智能推荐系统的设计和运作。

（1）用户画像的精细描绘。

用户画像是智能推荐系统的重要组成部分。从用户的注册信息、浏览足迹、购买历史、搜索记录到点击行为，每一个细节都被精心收集、清洗、提炼和标签化。这些数据汇集成一幅幅生动的用户画像，展现了用户的兴趣、偏好与行为习惯。通过深入剖析用户画像，能够更精准地把握用户的内心需求，为后续的推荐服务打下坚实的基础。

（2）内容推荐算法的匠心独运。

内容推荐算法通过分析推荐物品的文本信息或特征向量，捕捉用户兴趣点，为用户呈现与其品味相投的佳作。而基于协同过滤的推荐，则像一位经验丰富的“向导”，借助用户群体的智慧，发现用户的潜在兴趣，为用户推荐心仪的产品或服务。在实际应用中，可结合多种推荐算法和策略，以确保推荐的准确性和多样性，满足用户的个性化需求。

（3）个性化广告与内容的精准投放。

个性化广告投放通过对用户兴趣、购买历史和浏览行为等数据的深入挖掘，能够精准地为用户推送符合其个性化需求的广告内容。这不仅提高了广告的点击率和转化率，更减少了用户对广告的抵触情绪，提升了用户体验。同时，智能推荐系统还能根据用户的兴趣和偏好，为其推荐相关的新闻、视频和音乐等内容，让用户在享受个性化服务的同时，也能感受到平台的温度与关怀。

（4）智能推荐系统的评估与优化。

智能推荐系统的评估与优化通过采用多种评估指标和方法，如准确度、召回率、F1 值和 ROC 曲线等，对推荐系统的性能进行量化评估和分析。通过 A/B 测试等方法来对比不同推荐算法或策略的效果，找出最优方案。针对评估结果中暴露出的问题和不足，采取相应的优化措施，如优化用户画像的构建方法和偏好分析模型、引入更先进的推荐算法和策略、建立用户反馈机制等，以不断提升推荐系统的性能和用户体验。

展望未来，智能推荐系统将面临更多的挑战和机遇。我们将继续探索如何利用更多的辅助信息来提高推荐的准确性，利用深度学习、强化学习等先进技术来进一步提升推荐系统的性能。

4.4.2 智能制造

智能制造，作为工业 4.0 时代的智能核心，正引领全球制造业迈上一个新高度。在这一场技术变革中，大模型技术、工艺流程优化与生产自动化、质量控制与故障预测、工业物联网与智能供应链管理等技术与应用，如一盏盏明灯，共同照亮了前行的道路。

（1）大模型技术。

在生产预测与优化、质量控制、故障预测等关键领域，大模型技术通过深度挖掘生产数据中的潜在价值，为企业提供了精准的指导。它通过分析历史数据、洞察未来趋势，助力企业优化生产计划、提升生产效率、降低生产成本。同时，大模型技术还能对产品质量进行精细控制，预测设备故障，确保生产的连续性和稳定性。

（2）工艺流程优化与生产自动化。

通过对工艺流程的细致剖析和优化，企业能够发现生产过程中的瓶颈和问题，再运用先进的生产技术和管理理念进行改进，从而提高生产效率，降低成本。而生产自动化则进一步解放了生产力，减少了人工干预，提高了生产线的运行效率和稳定性。同时，自动化生产也降低了人为因素导致的生产波动和质量问题，为产品质量的稳定性提供了有力保障。

（3）质量控制与故障预测。

质量控制贯穿于整个生产过程，企业通过建立完善的质量管理体系和采用先进的检测设备，确保产品质量的稳定性和可靠性。而故障预测技术则通过对设备运行状态的实时监测和分析，预测可能出现的故障类型和时间，提前采取相应的预防措施和维修计划，保障设备的正常运行和生产的连续性。

（4）工业物联网与智能供应链管理。

工业物联网和智能供应链管理是智能制造的两大重要支撑。工业物联网技术通过实现设备之间的互联互通和数据共享，使得企业能够实时监控生产状态和设备运行情况，及时发现并处理问题。同时，它还能帮助企业实现远程监控和设备调试，提高生产和维护效率。而智能供应链管理则通过利用信息技术和数据分析工具，实现供应链的透明化、可视化和智能化管理。这不仅提高了企业的采购、生产和销售效率，降低了库存成本和运营风险，还帮助企业及时应对市场变化和客户需求变化，提升了企业的竞争力和市场占有率。

综上所述，智能制造是一个集多种先进技术于一体的复杂系统。大模型技术、工艺流程优化与生产自动化、质量控制与故障预测、工业物联网与智能供应链管理等技术与应用在其中发挥着举足轻重的作用。这些技术的应用不仅推动了制造业的转型升级，也为企业带来了更高的生产效率、更优质的产品质量和更强的市场竞争力。因此，企业应积极投身于智能制造的浪潮，不断探索和引进先进技术，为未来的发展奠定坚实的基础。

4.4.3　智能金融

在数字经济的大潮中，智能金融悄然改变着金融行业的面貌。在这个信息爆炸的时代，数据已化身为金融领域的“石油”，而智能金融正是这片油田中的“开采者”。智能金融运用高级分析方法提炼数据价值，提升金融服务的效率与质量。

（1）风险评估与信贷决策。

传统的人工审核和定性分析，在智能金融的浪潮下，逐渐被科学、客观且高效的数据驱动模型所替代。借助大数据分析技术，金融机构得以获得海量的财务数据、征信记录、市场趋势等信息，通过深度挖掘与分析，形成更为全面、精准的风险评估体系。机器学习算法的运用，更是让预测模型能够精准捕捉违约风险，为信贷决策提供有力支撑。

（2）量化交易与市场预测。

量化交易，这一依赖数学模型和算法的投资策略，在智能金融的助力下愈发活跃。大数据分析技术助力投资者处理海量市场数据，发现价格趋势与交易机会；机器学习及人工智能的加持，则为预测市场走势提供了更为精准的模型。此外，自动化交易系统的应用，使得投资策略的执行更为迅速、准确，大大降低了人为干扰和误差。

（3）客户服务与智能投顾。

智能金融在客户服务领域展现出巨大潜力。智能语音应答系统和在线客服机器人的应用，为客户提供了随时随地的便捷服务，不仅提升了服务响应速度，还降低了服务成本。智能投顾则通过算法和大数据分析，为客户提供个性化的投资建议和资产配置方案，助力客户实现财务目标。

（4）反欺诈与合规性监控。

金融欺诈一直是行业的难题。大数据分析技术能够实时捕捉交易数据中的异常模式，机器学习算法则能够识别欺诈行为的特征，共同构建了一个高效的反欺诈体系。此外，自动化监控和审核系统也确保了业务操作的合规性，维护了市场秩序。

（5）资产管理与智能理财。

随着财富的增长，资产管理愈发重要。智能金融通过提供智能化的资产管理解决方案，助力个人和企业实现财富的保值增值。智能理财平台根据用户的风险偏好和投资目标，为其推荐个性化的理财产品和策略，让财富管理更加科学、高效。

（6）智能保险的创新与变革。

智能金融亦在保险领域展现其魅力。大数据分析技术助力保险公司更准确地评估风险，制定保费策略；人工智能技术的应用则实现了理赔处理的自动化，提高了理赔效率和客户满意度。

（7）金融科技监管智能升级。

随着智能金融的蓬勃发展，金融科技监管亦面临新的挑战。智能金融监管通过大数据分析和人工智能技术，实时监测市场动态，识别潜在风险，提高了监管的及时性和准确性。同时，公开透明的监管信息也增强了市场的信心和稳定性。

（8）区块链技术与智能合约。

区块链技术为智能金融带来了全新的可能性。其去中心化、透明、不可篡改的特性，为金融交易提供了更为安全、高效的解决方案。智能合约的应用则进一步简化了交易流程，降低了交易成本，为金融业务的创新提供了强大支撑。

智能金融，作为金融科技的重要分支，正以其独特的优势和潜力，引领着金融行业迈向新的纪元。在风险评估、量化交易、客户服务、反欺诈、资产管理、保险、监管以及区块链技术等多个领域，智能金融都展现出了巨大的价值和潜力。随着技术的不断进步和应用场景的拓展，我们有理由相信，智能金融将为金融行业带来更多的创新和变革机会。同时，我们也需要关注其潜在的风险和挑战，并采取相应的措施来确保其健康、可持续地发展。

第 5 章

政策法规环境与数据安全

5.1 数据要素基础设施相关的政策法规解读

5.1.1 国家层面的政策导向与支持措施

（1）政策导向。

近年来，我国高度重视大数据、云计算、人工智能等新兴技术的发展，并将其作为国家发展战略的重要组成部分。数据要素基础设施作为支撑这些技术发展的关键，其重要性不言而喻。因此，国家在政策层面为数据要素基础设施的建设提供了明确的导向（见表 5-1）。

表 5-1　与数据要素基础设施相关的国家层面政策导向

政策导向	时间	内容概述	类型
《中华人民共和国数据安全法》施行	2021 年 9 月 1 日	《中华人民共和国数据安全法》施行，加强国家层面的数据安全管理，保护个人和组织合法权益	法律施行
《网络数据安全管理条例（征求意见稿）》公开征求意见	2021 年 11 月 14 日	国家互联网信息办公室就《网络数据安全管理条例（征求意见稿）》公开征求意见，以规范网络数据处理活动	法律征求意见
《“十四五”数字经济发展规划》发布	2021 年 12 月 12 日	国务院印发《“十四五”数字经济发展规划》，明确了“十四五”时期推动数字经济健康发展的指导思想、基本原则、发展目标、重点任务和保障措施	政策发布

续表

政策导向	时间	内容概述	类型
《关于构建数据基础制度更好发挥数据要素作用的意见》发布	2022年12月2日	中共中央、国务院印发《关于构建数据基础制度更好发挥数据要素作用的意见》（以下简称“数据二十条”），数据二十条旨在激活数据要素潜能，促进数字经济发展	政策发布
《数据安全技术 数据分类分级规则》施行	2024年10月1日	根据数据在经济社会发展中的重要程度，以及一旦遭到泄露、篡改、损毁或者非法获取、非法使用、非法共享，对国家安全、经济运行、社会秩序、公共利益、组织权益、个人权益造成的危害程度，将数据从高到低分为核心数据、重要数据、一般数据三个级别	标准制定
《“数据要素×”三年行动计划（2024—2026年）》发布	2023年12月31日	十七个部门联合印发《“数据要素×”三年行动计划（2024—2026年）》，推动科学数据有序开放共享	政策发布
健全数据基础制度，优化数据跨境规则	2024年4月2日	在首次全国数据工作会议上，部署了健全数据基础制度等主要工作，包括建立健全数据产权制度和促进数据合规高效流通等	政策部署

立法保障：国家层面通过制定基础性法律，如《中华人民共和国数据安全法》，为公共数据的开放利用设定了法律框架。该法自2021年9月1日实施以来，规范了数据分类、分级规则，安全管理制度等，为数据领域提供了基本遵循。

数据基础制度构建：2022年，中共中央、国务院印发《关于构建数据基础制度更好发挥数据要素作用的意见》，这是一份纲领性文件，旨在激活数据要素潜能，推动数字经济的高质量发展。

数字经济发展策略：2021 年，国家通过制定《“十四五”数字经济发展规划》等顶层设计文件，为数据要素基础设施的发展指明了方向。该规划明确提出要加强数据要素基础设施建设，包括 5G 网络、数据中心、人工智能等，以推动数字经济的全面发展。这一政策导向不仅为数据要素基础设施的建设提供了宏观指导，也为相关产业的发展注入了强大动力。

标准与规范创新：2024 年，国家标准化管理委员会发布《数据安全技术 数据分类分级规则》并于 2024 年 10 月 1 日开始施行。其规定了数据分类分级的原则、框架、方法和流程，给出了重要数据识别指南，适用于规范各行业、各领域、各地区、各部门和数据处理者开展数据分类分级工作。

统筹规划与政策支持：在国家顶层战略指导下，各地政府出台了一系列政策措施，支持数据要素基础设施的统筹规划，如上海市在 2021 年出台的《上海市新一代信息基础设施发展“十四五”规划》。同时，国家互联网信息办公室在 2021 年发布《网络数据安全管理条例（征求意见稿）》向社会公开征求意见，旨在强化数据处理活动的规范性与安全性。

行动计划：2024 年，国家数据局等部门联合印发《“数据要素×”三年行动计划（2024—2026 年）》，旨在推动科学数据共享，促进科技基础设施的建设和项目中数据的互联互通。

数据产权与交易机制：建立健全数据产权体系，促进数据合规高效流通和交易，建立数据要素收益分配与安全治理机制，推动数据市场的健康发展。

跨境数据管理：优化跨境数据传输规则，确保数据跨境流动的安全与合法利用，为国际数据合作提供保障。

这些政策法规和行动计划构成了国家对数据要素基础设施的多维度支持体系，不仅从法律层面确立了数据的开发利用规则，还在制度、标准、规划、交易、安全、国际合作等方面形成了全方位的政策保障，共同促进了数据要素市场的健康、有序发展，为数字经济的繁荣打下坚实的基础。

（2）支持措施。

为了推动数据要素基础设施的建设和发展，国家还出台了一系列具体的政策措施。

首先，国家在财政、税收等方面给予了大力支持。通过设立专项资金、提供税收优惠等措施，鼓励企业加大投入，加快数据要素基础设施的建设步伐。这些政策措施降低了企业的运营成本，提高了市场竞争力，进一步激发了企业参与数据要素基础设施建设的积极性。

其次，国家加强了对数据要素基础设施建设的监管和评估。通过建立完善的监管机制和评估体系，确保数据要素基础设施建设的质量和效益。同时，还加强了对相关企业和机构的培训和指导，提高其数据安全意识和能力水平。

此外，国家还积极推动产学研用深度融合。通过加强高校、科研机构与企业的合作与交流，促进技术创新和成果转化。这种合作模式不仅有助于推动数据要素基础设施的技术进步和创新应用，还能为相关产业的发展提供源源不断的人才支撑。

5.1.2　地方政府的数据政策与实践案例

地方政府在推动数据要素基础设施建设和数据安全方面也发挥着重要作用。各地政府结合本地实际情况和产业发展需求，制定了各具特色的数据政策，并积累了一系列实践案例。

（1）数据政策。

各地政府纷纷出台了支持数据产业发展的政策措施。以贵州省为例，贵州省人民政府发布《关于加快大数据产业发展的实施意见》（黔数据领办〔2014〕1 号），明确提出要大力发展大数据产业，加强数据要素基础设施建设。政策中包含了多项扶持措施，如设立大数据产业发展专项资金、支持企业开展大数据技术创新和应用示范、推动大数据与实体经济深度融合等。这些政策的实施为该省数据产业的发展提供了有力支持。

除了省级政府，一些市级政府也积极制定相关政策推动当地数据产业的发展。例如，成都市政府出台了《成都市促进大数据产业发展专项政策》，从财政扶持、税收优惠、人才引进等多个方面为大数据企业提供支持；同时，该市还建立了大数据产业园区，为相关企业提供良好的发展环境和优质的服务。

（2）实践案例。

在地方政府的推动下，各地涌现出了一批优秀的数据要素基础设施建设实践案例。下面介绍两个典型案例。

案例一：河北省大数据智算中心项目。

河北省大数据智算中心（以下简称智算中心），遵循国家 A 级与电信五星级标准建设，提供超大规模智能算力。智算中心采用 F5G 全光网络技术，即第五代固定网络，凭借其超宽带宽、全光联接、高安全性与智能化管理优势，有力支撑各行业数字化转型与智能化升级，通过介质革命与 F5G 技术融合，实现网络架构革新，构建行业标准的园区全光网络。智算中心积极实施减碳措施，有效降低能耗，减少环境足迹，助力可持续发展目标，同时优化运营效率。安全防护体系全面，涵盖物理、网络、应用等多层面，保障数据安全与系统稳定。智算中心依托领先的体系架构设计，聚焦算力基建化、算法基建化和服务智件化，贯穿基建、硬件、软件、算法、服务全链条，推动关键技术的落地与应用，持续创新四大 AI 算力关键环节——生产、聚合、调度与释放，实现 AI 算力的全流程、一体化高效供给。

案例二：无锡锡山智慧城市建设项目。

无锡锡山智慧城市建设项目已建成包含能力中台和数据中台的数字底座体系，以“数字底座+场景应用”的模式和框架，通过技术和机制的双轮驱动，推进各级政府部门政务信息化的职能融合、技术融合、业务融合与数据融合，进一步提升政务服务水平和城市治理能力。项目围绕“优政、惠民、兴业”三大领域，利用“端-边-云-网-智”新 IT 理念，从城市治理、产业促进、民生服务等多个维度，打造一个数字底座，充分发挥了数据要素的放大、叠加、倍增作用。项目通过有效的信息共享机制和“锡山数据资源共享门户”，为区应急、城管、工信、卫健等多个部门和安镇、东港等多个乡镇和街道提供了数据共享、赋能服务。

这两个案例充分展示了地方政府在推动数据要素基础设施建设方面的决心和成果。通过加强政策引导和支持措施的实施，各地政府将进一步推动数据产业的发展和创新应用，为经济社会发展注入新的动力。

5.2　数据安全与隐私保护的法律要求

5.2.1　数据保护的法律框架与规定

（1）国家层面的法律法规。

随着信息技术的迅猛发展，数据安全与隐私保护受到社会各界的日益关注。为了确保数据的合法收集、使用和保护，国家层面出台了一系列法律法规，构建了数据保护的法律框架。

首先，《中华人民共和国网络安全法》作为我国网络安全领域的基本法，为数据保护提供了重要的法律保障。该法明确了网络运营者在保护个人信息方面的责任和义务，要求他们制定并执行严格的安全管理制度，确保数据的安全性和保密性。同时，该法还规定了个人信息的收集、使用、存储和传输等方面的基本原则，为数据保护提供了明确的法律依据。

其次，《中华人民共和国数据安全法》进一步强化了数据的安全保护要求。该法规定了数据处理者应当履行的数据安全保护义务，包括但不限于制定数据安全管理制度、加强数据安全风险监测、采取技术措施保护数据安全等。此外，该法还明确了对违反数据安全保护义务的行为的处罚措施，加强了法律的威慑力。

此外，《中华人民共和国个人信息保护法》则专注于个人信息的保护。该法规定了个人信息的处理原则、条件、权利和义务等，强调了个人信息主体对其个人信息的控制权，并规定了个人信息处理者应当履行的义务和责任。这一法律的出台，为个人信息保护提供了更为具体和明确的法律依据。

除了上述三部重要法律，还有其他与数据保护相关的法律法规，如《中华人民共和国电子商务法》《中华人民共和国消费者权益保护法》等。这些法律法规在保护个人数据方面各有侧重，共同构成了我国数据保护的法律体系。

（2）地方层面的法规和政策。

除了国家层面的法律法规，地方政府也结合本地实际情况制定了相应的数据保护法规和政策。这些地方性法规和政策往往更具针对性和可操作性，有助于推动数据保护工作的落实。

例如，一些地方政府出台了关于加强个人信息保护的规定，明确了个人信息在收集、使用、存储和传输等方面的具体要求。这些规定往往结合了本地的实际情况和需求，为企业和组织提供了更为具体的操作指南。同时，地方政府还加强了对违反个人信息保护规定的行为的监管和处罚力度，确保法律法规的有效实施。

此外，一些地方政府还积极推动数据保护技术的研发和应用，鼓励企业和组织采用先进的技术手段保护数据安全，如数据加密、匿名化处理、访问控制等。这些技术的应用不仅提高了数据的安全性和隐私保护水平，还为企业和组织赢得了用户的信任和支持。

（3）行业标准和自律规范。

除了法律法规，行业标准和自律规范也是数据保护法律框架的重要组成部分。各行业根据自身特点和需求制定了相应的数据安全与隐私保护标准，为企业和组织提供了具体的操作指南。

例如，在医疗、金融、教育等敏感行业，相关部门制定了严格的数据保护标准和规范。这些标准和规范明确了数据的收集、存储、使用和传输等的具体要求，确保了数据的安全性和隐私保护。同时，这些标准和规范还鼓励企业和组织采用先进的技术手段保护数据安全，提高数据的可用性和可信度。

此外，一些行业组织还制定了自律规范，要求成员单位遵守数据保护的基本原则和要求。这些自律规范往往结合了行业的实际情况和需求，为企业和组织提供了更为灵活和实用的操作指南。通过遵守这些自律规范，企业和组织可以更好地保护用户的个人隐私和数据安全，赢得用户的信任和支持。

（4）跨境数据流动的法律框架。

随着全球化的加速和互联网技术的发展，跨境数据流动日益频繁。

为了保护个人隐私和数据安全，国家也出台了相关法律法规来规范跨境数据流动。

首先，《中华人民共和国网络安全法》和《中华人民共和国数据安全法》等法律法规对跨境数据流动提出了明确要求。这些法律法规确保了跨境数据流动过程中数据的安全性。同时，这些法律法规还规定了跨境数据流动的审批程序和监督机制，加大了法律的执行力度。

其次，我国积极参与国际数据保护合作与交流，与其他国家和地区共同制定跨境数据流动的国际规则和标准。这些规则和标准的制定有助于促进各国之间的数据共享和合作，同时保护个人隐私和数据安全。

此外，针对跨境数据流动中可能出现的法律冲突和管辖权问题，我国也积极与其他国家和地区进行协商和解决。通过签订双边或多边协议等方式，明确各方在数据保护方面的权利和义务，确保跨境数据流动过程的合法性和安全性。

5.2.2 数据泄露的预防与应对措施

（1）数据泄露的原因与危害。

数据泄露作为数据安全领域的一个顽疾，其复杂性和严峻性日益凸显，成为横亘在个人隐私保护与企业信息安全道路上的一大障碍。在这个数字化转型的时代，各类数据如同流动的血液，滋养着经济社会的每一个角落，但同时也成为了不法分子觊觎的目标。

数据泄露的原因纷繁复杂，具体可归纳为以下几个关键方面。

① 黑客攻击。随着技术的进步，黑客利用先进的技术和策略，如勒索软件、零日漏洞攻击、鱼叉式网络钓鱼等手段，不断试探和突破网络安全防线，窃取敏感数据。

② 内部人员泄露。不论是出于恶意还是无意，企业内部员工、合同工或合作伙伴都可能成为数据泄露的源头。这包括故意窃取数据以换取利益、因疏忽大意丢失数据存储设备，或是对安全政策的忽视等导致的泄露。

③ 系统故障与配置错误。技术失误同样不容小觑。系统崩溃、备份失败、安全配置不当等都可能暴露数据，使之被第三方访问。

数据泄露的后果不限于个人隐私被侵犯，其连锁反应可能会波及社会经济的多个层面。

对企业而言，客户信任的丧失和品牌形象的受损是最直接的影响，长期来看，可能导致市场份额的萎缩、法律诉讼成本的增加以及面对难以通过的监管审查，严重时甚至会威胁到企业的生存。

对个人来说，数据泄露可能会引发身份盗用、财务诈骗、信用评分下降等一系列连锁反应，修复这些损害往往耗时长且成本高昂，给受害者带来精神和物质上的双重打击。

（2）应对措施。

面对数据泄露带来的严峻挑战，企业必须采取周密的预防措施，同时建立健全的应对机制，以降低潜在的破坏性影响。以下措施可以作为企业在数据泄露危机后的行动指导。

① 立即启动应急响应计划。企业应迅速激活危机沟通小组，该小组由企业高层领导、公关部门、法务部门、信息技术部门及客户服务部门的负责人组成，确保危机应对决策制定的全面性与权威性；小组成员需明确各自的角色与职责，如指定一名首席发言人统一对外发声，公关部门负责媒体沟通策略，信息技术部门专注于技术层面的解释，客户服务部门则负责解答用户咨询，确保信息传递的一致性和透明度；此外，还需建立与监管机构、法律顾问、保险公司等关键利益相关者的紧急联络机制，确保在危急时刻能够迅速获取外部支持和指导。

② 事态监控与深入分析。利用安全信息和事件管理系统进行持续监控与高级分析，识别异常行为模式，快速定位潜在的二次攻击或数据进一步泄露的迹象；结合日志分析、网络流量分析等技术手段，追溯泄露事件的时间线，还原攻击路径，为当前事件的应对提供关键信息，同时也为未来的防范措施的制定积累宝贵经验；所有收集到的日志、证据材料应按照法律要求妥善保存，为可能的法律诉讼或监管调查提供依据。

③ 通知受影响方并采取措施。实施个性化的通知方案，根据受影响用户数据的敏感程度和潜在风险等级，采取分级通知策略，优先通知高风险用户，确保他们能立即采取措施保护自己；通过电子邮件、短信、电话、官方网站公告等多种渠道确保通知覆盖全面且及时到达，同时考虑特殊群

体（如老年人、视障人士）的需求，提供无障碍通知方式；通知中应包含明确的联系方式和后续服务指引，如客服热线、在线问答平台等，确保用户可以随时咨询或报告问题，企业需保证快速响应；与信誉良好的信用监控服务提供商合作，提供包括信用报告监控、欺诈警报、信用冻结协助、身份盗窃保险等在内的服务，向用户清晰解释各项服务的作用和使用方法；即使免费信用监控服务期满，企业也应持续提供安全提示和教育资源，鼓励用户关注个人信用健康，必要时提供服务延期选项；建立长效机制，跟踪评估数据泄露事件的长期影响，不断优化后续支持策略。

④ 配合监管机构的调查。在数据泄露事件发生后，企业应立即组建由法律顾问、信息安全专家、高级管理人员组成的专项团队，负责与监管机构的沟通与协调，确保交流高效、专业且连贯。主动向监管机构通报事件，提交初步报告，内容包括事件发生时间、初步判断的影响范围、已采取的紧急措施等，展现企业的主动性和责任感；全面配合监管机构调查，提供所有相关文档、日志、通信记录、受影响用户列表等证据资料，必要时允许现场勘查，访问相关系统和数据库；派遣技术与法律专家协助监管机构理解信息环境、安全架构及数据处理流程，解释技术原因、影响评估及防范措施，帮助监管机构准确判断事件性质与责任归属；在整个调查过程中，定期向监管机构汇报事件处理进展，包括修复措施效果、受影响用户补偿方案、内部整改计划推进情况，展现企业解决问题的决心；面对监管机构的整改意见或处罚决定，企业应迅速执行，包括加强安全防护、优化数据管理、员工培训、支付罚款等，将其视为提升数据保护能力的机会；通过此次事件，与监管机构建立长效合作机制，探讨数据安全事件的长效通报与协作机制，如签署合作协议、参与行业安全标准制定，以预防未来类似事件的发生。

⑤ 加强后续安全防护措施。对数据泄露事件进行深度根源分析，识别根本原因，修复表面漏洞，解决深层次的管理流程或技术缺陷。进行全面系统的审计与加固，包括深度漏洞扫描与修复，确保补丁管理机制高效运行，及时应用官方安全更新；审查信息技术架构，确保网络分段合理，实现生产环境与开发、测试环境的有效隔离；优化日志与监控能力，引入人工智能和机器学习技术提高异常检测的准确性和效率；建立持续的安全

态势感知体系，集成威胁情报、日志分析等功能，持续优化安全策略和防御措施，确保安全体系的动态适应性和有效性；定期审查安全策略，至少每年或在重大安全事件、技术革新、业务模式变化时进行，确保策略的时效性和实用性；基于最新威胁情报进行威胁建模与情景模拟，识别潜在薄弱环节，优化安全控制措施；结合最新案例更新安全意识培训材料，定期组织实战演练，提升员工对新兴威胁的识别与应对能力；确保安全实践与法规要求保持一致，采用先进数据保护技术，如同态加密、数据脱敏、隐私计算等，保障数据使用过程中的安全与隐私；企业高层应积极倡导安全文化，树立安全发展的榜样，鼓励建立安全反馈机制，形成开放、包容的文化氛围。

⑥ 提供必要的支持和赔偿。对于受到数据泄露事件影响的个人和组织，企业应提供法律咨询，协助受影响方采取措施减少损失，并向其赔偿直接经济损失。通过提供支持和赔偿，企业可以赢得受影响方的信任和理解，减轻声誉损害。

综上所述，数据泄露的预防和应对是一个多维度、系统性的工程，涉及加强数据安全意识教育、制定并执行严格的数据安全政策、采用先进的数据加密技术、实施访问控制和身份验证、定期进行数据安全风险评估以及建立数据备份和恢复机制等。在数据泄露事件发生后，企业应迅速采取行动，减少损失并保护受影响方的权益，同时借此机会全面提升数据安全管理水平，构建更加稳固的数据保护体系。

5.3 数据治理策略

随着信息技术的飞速进步，数据量呈指数级增长，数据类型多样化，数据应用场景也日益复杂。因此，构建一套科学、高效的数据治理体系，遵循相关法律法规与行业标准，不仅确保了数据质量，还对维护组织机构信誉、保护用户隐私、为组织机构规避法律风险、提升企业竞争力具有不可估量的价值。

5.3.1　数据治理的重要性与实践

（1）数据治理的重要性。

战略决策支持与业务优化。在竞争激烈的市场环境中，基于高质量数据的战略决策能够为组织机构提供竞争优势。数据治理确保了决策所需数据的准确性和及时性，帮助机构精确把握市场趋势，优化资源配置，提升业务流程效率，促进机构的创新和成长。

风险控制与合规性提升。内部数据治理通过建立严格的访问控制、数据分类与保护机制，有效降低了数据误用、泄露等风险，保护了组织机构免受法律诉讼和监管罚款。特别是在金融、医疗等被高度监管的行业中，合规的数据治理实践是组织机构运营的必备条件。

增强客户信任与品牌价值。透明的数据处理流程和严格的数据保护措施能够显著增强客户对企业的信任感。在个人信息泄露频发的当下，良好的数据治理成果成为企业承担社会责任的体现，有助于塑造正面的品牌形象，提升客户忠诚度和市场份额。

促进技术创新与数据驱动文化构建。有效的数据治理为数据分析、人工智能等先进技术的应用奠定了坚实的基础。当数据变得可靠、易访问时，企业更倾向于采用数据驱动的决策模式，鼓励创新思维，推动新产品和服务的开发，引领行业变革。

（2）内部数据治理的实践。

数据治理架构设计。构建多层次的数据治理架构，包括政策制定层、执行管理层、技术支持层和监督审计层，确保数据治理策略自上而下有效传导，同时又能在各个层面得到执行和反馈。

数据治理平台的部署与整合。采用先进的数据治理平台，整合数据资产管理、元数据管理、数据质量监控、数据安全和合规性管理等功能于一体，实现数据治理的自动化和智能化。通过 API 接口与企业现有的信息管理系统（如 ERP、CRM、BI 等）无缝集成，提升数据治理的效率和覆盖面。

数据治理文化培育。将数据治理理念融入企业文化之中，通过内部研讨会、案例分享、最佳实践推广等形式，提升全员的数据治理意识。建立数据治理中心或数据治理大使网络，负责推广知识分享和实践指导，形成数据治理的持续改进机制。

数据治理绩效考核。将数据治理成效纳入员工绩效考核体系，设置具体的数据质量、安全合规性等考核指标，激励员工积极参与数据治理工作。同时，建立数据治理成熟度评估模型，定期进行自我评估或邀请第三方进行审计，以量化的方式衡量数据治理的进步和效果。

数据治理的持续迭代与优化。认识到数据治理是一个动态的过程，需要随着业务发展、技术进步和法规变更不断调整和完善。建立灵活的治理框架，鼓励跨部门协作，定期回顾数据治理政策和流程，确保其与组织机构战略目标保持一致，持续提升数据治理的有效性和适应性。

5.3.2 数据合规与治理体系的具体方法构建

构建有效的数据合规与治理体系需要综合考虑组织机构的实际情况、业务需求以及法规要求等多个方面。以卜是一些具体的方法和建议。

（1）深入了解相关法规和隐私政策。

密切关注法规动态。需要时刻关注与数据处理和保护相关的法律法规的动态变化，如欧盟的《通用数据保护条例》、美国的《2018 加州消费者隐私法案》以及我国的《中华人民共和国个人信息保护法》《中华人民共和国数据安全法》等。这些法律法规对企业的数据处理活动提出了明确的要求和限制。

开展法规遵从性评估。定期对数据处理活动进行法规遵从性评估，确保所有操作都符合相关法规的要求。这包括数据的收集、存储、处理、使用和共享等各个环节。

制定合规性策略。根据法规要求和实际情况，制定合规性策略，明确在数据处理活动中应遵循的原则和规范。这可以确保机构在面临法规检查时能够从容应对，避免因违规操作而引发法律风险。

（2）设立专门的数据治理组织。

成立数据治理委员会或小组。在机构内部成立专门的数据治理委员会或小组，负责制定和执行数据治理政策，以及监督数据的使用和保护情况。该委员会或小组应由来自不同部门和业务线的代表组成，以确保各方的利益都能得到充分考虑。

明确职责和权限。为数据治理委员会或小组明确具体的职责和权限，包括制定数据治理策略、审核和监督数据处理活动、处理数据相关的问题和争议等。这将有助于确保数据治理工作的有效性和权威性。

定期召开会议。数据治理委员会或小组应定期召开会议，就数据治理的相关问题进行讨论和决策。会议内容可以包括审查数据质量、安全性、合规性等方面的情况，以及讨论如何改进和优化数据治理策略。

（3）构建全面的数据治理框架。

明确治理目标。企业需要明确数据治理的目标，包括确保数据的准确性、完整性、安全性和合规性，提高数据的质量和价值，以及促进数据的共享和使用等。

制定治理原则。根据治理目标，制定一系列的数据治理原则，以指导数据处理活动。这些原则包括公平、透明、可追溯、可审计等方面。

建立治理流程。制定详细的数据治理流程，包括数据的收集、存储、处理、使用和共享等各个环节。确保每个环节都有明确的规范和操作步骤，以便员工能够按照流程进行操作。

引入监控和评估机制。建立数据治理的监控和评估机制，对数据的质量、安全性和合规性进行实时监控和定期评估。及时发现并解决问题，确保数据治理策略的有效执行。

（4）引入先进的技术工具。

数据管理系统。采用先进的数据管理系统，实现数据的集中存储、统一管理和高效查询。这将有助于提高数据的可访问性、可用性和可维护性。

数据加密和安全防护技术。采用数据加密技术，确保数据在传输和存储过程中的安全性。同时，利用入侵检测、权限管理等安全防护技术，防止数据被非法访问和篡改。

自动化工具。引入自动化工具，实现数据治理流程的自动化处理。这可以提高数据治理的效率和准确性，减少人为错误和疏漏。

（5）持续改进和优化。

定期评估和调整。定期评估数据治理策略的执行效果，根据评估结果进行调整和优化。这可以确保数据治理策略始终与实际需求和外部环境相适应。

审计和监控。建立数据治理的审计和监控机制，对数据治理政策的执行情况进行实时跟踪和监控。

持续改进文化。倡导持续改进的文化，鼓励员工积极参与数据治理工作的改进和优化。通过收集员工的意见和建议，不断完善数据治理策略和流程。

（6）加强员工培训和沟通。

定期培训。定期组织数据治理相关的培训活动，提高员工对数据治理的认识和重视程度。培训内容可以包括数据治理的基本概念、政策流程、技术工具等方面。

内部沟通。加强内部沟通，确保员工对数据治理策略有充分的理解和认同。通过内部会议、邮件通知等方式，及时向员工传达数据治理的最新动态和要求。

激励措施。建立激励措施，鼓励员工积极参与数据治理工作。对于在数据治理工作中表现突出的员工给予奖励和认可，激发员工的积极性和创造力。

综上所述，构建有效的数据合规与治理体系需要企业从多个方面入手，包括深入了解相关法规和隐私政策、设立专门的数据治理组织、构建全面的数据治理框架、引入先进的技术工具、持续改进和优化以及加强员工培训和沟通等。通过这些措施的实施，可以构建一个有效、合规和可持续的数据治理体系，为组织机构的稳健发展提供有力保障。

第6章

数据要素基础设施建设案例分析

6.1 国际数据要素基础设施建设

6.1.1 新加坡数据要素基础设施建设的“智慧国家”计划

新加坡政府在2006年启动了“智能国家2015”计划，并在2014年进一步推出了“智慧国家”计划。该计划的主要目标包括建设覆盖全岛的数据收集、连接和分析的基础设施。新加坡的“智慧国家”计划是一个全面的国家发展计划，旨在通过技术推动新加坡的全面转型，该计划的核心目标是利用数字信息科技来改变新加坡人民的生活、工作方式。

新加坡在数据要素基础设施方面投入巨大，以确保其具备世界一流的灵活性和安全性。例如，新加坡政府在2023年推出了数字连接蓝图（Digital Connectivity Blueprint，DCB）计划，这是一个全面的发展计划，旨在确保新加坡的数据要素基础设施保持世界一流并具备迎接未来的能力。该蓝图涵盖了多个方面，包括物埋基础设施建设、安全性建设、跨境交易等，并且强调了与其他国家在数字领域的合作。此外，新加坡还在建设新的第四代数据中心，这将进一步提升其网络连接能力。

新加坡高度重视人工智能和大数据在“智慧国家”计划建设中的作用。通过实施国家人工智能计划，新加坡不仅在战略、军事和治理等方面展现出了数字革命的力量，还在全球电子政务评估中稳居世界前列。新加坡政府在2023年12月发布了更新后的《国家人工智能战略2.0》，该战略旨在未来三到五年内利用人工智能造福公共利益，并提升新加坡的经济发展水平和社会发展潜力。此外，新加坡政府还计划在未来五年内投入超过10亿新加坡元用于支持发展人工智能研究、人才培养和产业发展。大数据治国的理念也贯穿于新加坡数字政府建设的全过程，新加坡已经建立了成熟的大数据要素基础设施，包括数据中心和云计算平台，这些基础设施的建设为新加坡在大数据领域的进一步发展奠定了基础。

新加坡在推动数据要素基础设施建设的同时，也注重可持续发展。例如，新加坡政府规定本地新建的数据中心必须符合一套更严格的绿色标准，以确保这些重要设施的可持续发展。此外，新加坡还开创了“新绿色数据中心”的发展路线图，推动可持续发展。2021 年 2 月 10 日，新加坡正式出台了《新加坡 2030 年绿色发展蓝图》，从基础设施、交通、教育、经济发展和应对气候变化等方面，阐述绿色理念，打造宜居环境，提升国家竞争力。这表明新加坡在推动数字基础设施建设的同时，也注重环保和可持续发展。

新加坡不仅在国内推动智慧国家建设，还积极与国际社会合作，加强数字领域的合作。例如，新加坡期待与中国等国家加强数字领域的合作，以保持其在全球数字化转型中的领先地位。2023 年 2 月 1 日，新加坡与欧盟正式签署了《欧盟—新加坡数字伙伴关系协定》（EU-Singapore Digital Partnership，EUSDP），旨在全面促进双边数字领域的合作，以求进一步加强新加坡作为全球商业中心和数字中心的地位。同一天双方还签署了《欧盟—新加坡数字贸易原则》，进一步加强了双方在数字技术领域的合作。2023 年 4 月 24 日，上海数据交易所国际板在新加坡启动建设，探索数据跨境双向流动的新机制。

6.1.2　德国的数据战略

德国推出的数据战略旨在通过一系列具体措施，提升国家的数字能力和数据利用效率，从而在欧洲乃至全球范围内成为数据创新和共享的领导者。

该数据战略明确了四个主要行动领域：构建高效且可持续的数据要素基础设施、促进数据创新并负责任地使用数据、提高数据治理水平、推动数字文化的发展。这些领域涵盖了从技术到法律、从经济到社会各个方面，体现了一个全方位的数据战略框架。

在具体措施上，德国提出了 240 余项具体举措。例如，在加强数据要素基础设施建设方面，德国计划通过量子和高性能计算机、参与欧洲云计划“Gaia-X”等项目来提高数据要素基础设施的效率和可靠性。此外，德国还强调了数据保护的重要性，并在法律确定性方面，提倡联邦和州的数据保护监督机构就国家重要性数据保护问题进行密切合作。

德国的数据战略不仅关注数字技术和数据要素基础设施的建设，还非常重视数据的伦理和法律问题。例如，德国成立了数据伦理委员会，负责为德国联邦政府制定数字社会的道德标准、提供具体指引。同时，德国的个人数据保护法律体系也非常完善，不仅要求公共机构保护个人数据，还要求私人机构遵守统一的数据保护法规。

总体来看，德国的数据战略是一个综合性的框架，旨在通过构建数据要素基础设施、推动数据创新、加强数据治理和培养数字文化，使德国在全球数据治理中发挥领导作用。这一战略不仅有助于提升德国的经济竞争力，也有助于保障公民的隐私安全和数据安全。

6.1.3 欧洲云计划“Gaia-X”

欧洲云计划“Gaia-X”是由德国和法国联合倡议和牵头的项目，旨在建设真正属于欧洲的数据要素基础设施，使该设施成为欧盟的“母云端”。该计划得到了欧盟各成员国的广泛支持，并且涉及了多家公司和公共机构。

该计划将通过制定通用云标准、参考云架构和互操作性要求来实现这一目标。此外，“Gaia-X”还致力于创建数据空间，这些数据空间是现有物理或自然或工业或社会生态系统的数字表示形式。

“Gaia-X”的发展历程可以分为三个阶段：第一阶段是项目启动和初步实施，第二阶段是技术和架构细节的发布以及更多欧盟成员国的加入，第三阶段是全面实施和推广。目前，“Gaia-X”已经在 2021 年初正式上线，并且在技术领域取得了一些进展，如发布了第一个符合“Gaia-X”标准的云服务模型。

“Gaia-X”的成功不仅在于其技术实现，还在于通过多种具体措施提升了欧洲的数字主权地位。具体措施如下。

① 建立数据主权。“Gaia-X”旨在为欧洲建立一个数据主权框架，以对抗垄断趋势，确保欧洲在数据管理和使用方面具有自主权。

② 开发新的数据驱动服务和应用。“Gaia-X”支持在欧洲发展一个数字生态系统，来推动创新和新兴的数据驱动服务与应用。

③ 提供可信赖的数据共享平台。“Gaia-X”是一个重要的欧洲倡议，旨在提供一个可信赖的数据共享平台，确保数据的安全性和公开透明。

④ 强化欧洲云提供商的发展。“Gaia-X”项目为欧洲未来的云提供商提供了一个新的框架，保障其发展和竞争力。

⑤ 与欧盟委员会紧密合作。“Gaia-X”与欧盟委员会有着密切的联系，并且是基于正在计划中的主权原则进行实施的。

⑥ 吸引广泛参与。“Gaia-X”已经吸引了来自不同国家的 300 多个组织的参与，并且仍然欢迎新的欧洲利益相关方加入“Gaia-X”进行共同发展。

总之，“Gaia-X”是一个重要的欧洲云计算项目，它不仅旨在建设强大的数据要素基础设施，还致力于推动欧洲的数字化转型和增强数字主权地位。通过制定统一的标准和架构，“Gaia-X”有望在全球云计算市场中占据一席之地。

6.2 国内数据要素基础设施建设

6.2.1 国内数据要素基础设施建设概述

我国近年来在信息化领域取得了显著成就。为了应对全球信息化发展的挑战，在 2015 年，国务院印发《关于积极推进“互联网+”行动的指导意见》，这可以视为建设“数字中国”目标的前身或重要组成部分。到了 2017 年，党的十九大报告中提出了建设“数字中国”的目标。此后，我国政府多次在重要文件和会议中强调和部署“数字中国”建设，包括《国家信息化发展战略纲要》《数字中国建设整体布局规划》等文件，以及各类信息化和数字化领域的规划和政策。

我国政府为支持“数字中国”建设出台了多项具体的政策措施，涵盖了顶层设计、基础设施建设、产业发展和国际合作等多个方面。

（1）顶层设计。

注重顶层设计与政策框架建立。2021 年 12 月，国务院印发了《“十四五”数字经济发展规划》，明确了“十四五”时期推动数字经济健康发展的指导思想、基本原则、发展目标、重点任务和保障措施；2023 年 2 月 28 日，中共中央、国务院印发了《数字中国建设整体布局规划》，明确了各部门的职责分工，提出强化资源整合和力量协同，共同建立健全数字中国建设统筹协调机制。

（2）基础设施建设。

加强数据要素基础设施建设，提升数据资源规模和质量，释放数据要素价值，增强数字经济发展的质量。实施中小企业数字化赋能专项行动，支持中小企业从数字化转型需求迫切的环节入手，加快推进线上营销、远程协作、数字化办公、智能生产线等应用。

（3）产业发展。

制定支持数字经济高质量发展的政策，积极推进数字产业化和产业数字化，促进数字技术和实体经济深度融合。培育新产业、新业态、新模式，不断做强做优做大我国数字经济，为构建“数字中国”提供有力支撑。探索建立与数字经济持续健康发展相适应的治理方式，制定更加灵活有效的政策措施，培育创新协同治理模式。

（4）国际合作。

主动参与国际组织数字经济议题谈判，开展双边和多边数字治理合作，维护和完善多边数字经济治理机制，及时提出中国方案，发出中国声音。中国在数据出境安全治理方面也有所探索，通过比较各国的数据出境安全治理模式，总结国际经验并提炼出对中国的启示，以更好地管理跨境数据流动。这些政策措施共同构成了一个既有顶层设计又有具体措施的政策支持体系，形成了推动数字经济发展的强大合力。

6.2.2　北京城市副中心数字经济标杆案例

2023 年 11 月 10 日，北京数据基础制度先行区正式启动运行，标志着北京市在构建数据要素市场及数字经济领域迈出了重要一步。该先行区旨在实践国家与北京市的十项核心政策，通过创新监管模式，顺应数据要素与数字经济的特有属性，加速构建一个综合改革的试验田和数据要素聚集区。根据《北京数据基础制度先行区创建方案》，北京计划到 2030 年，完全建成北京数据基础制度先行区，打造数据要素市场化配置的政策高地、可信空间和数据工场。

北京数据基础制度先行区规划面积覆盖 68 平方千米，内含 18 个专注于数据要素的产业园区，吸引了 4.57 万家市场主体和超过 30 家数据要素领域内的重点企业入驻，提供 261.7 万平方米的产业可用面积，为数据要素的集聚和产业创新提供了广阔舞台。

北京通过积极设计、组织数据基础制度先行区通州片区的落地工作，在数据共享和信息化建设方面已经积累了一定的实践经验。开发基于北京城市副中心目录链平台，通过专有网络实现了区政府部门间数据信息的发送、校验和接收，具备了较为完善的标准化、保密化、自动化的数据管理、存储和传输能力；同时，采用区块链实现了数据目录操作的可信记录，通过完整记载供需双方的数据传输过程，有利于明确双方权责，有效减少数据应用风险。北京城市副中心目录链平台的建设为数据共享专区的集中统一平台的设计和开发提供了宝贵经验，为利用最新互联网科技打造高智能性、高可用性、高安全性的数据共享平台奠定了基础。

（1）北京城市副中心目录链平台主要功能。

北京城市副中心目录链平台以其创新的数据管理与共享机制，树立了数字政府建设的新标杆。该平台的五项核心功能模块为数据的高效流通与安全共享提供了基础架构。

各政府部门职责目录管理是平台的中枢神经，它通过区块链技术强化了数据管理的透明度与责任追溯。这一模块不仅支持职责的增删改查等基本操作，还利用区块链不可篡改的特性，记录每一项职责变动，实现从源头到终端的全链条追踪，确保了职责管理的准确无误和全程可审计。

数据目录管理在职责明确的基础上，让各委办局能够自主管理其数据资源。该功能允许委办局在平台上登记、更新或移除自身数据资源目录，促进数据资源的有序展示和高效共享。这不仅增强了数据的可发现性，也为跨部门数据申请提供了便利。

信息系统管理模块将各委办局的信息系统与平台紧密相连。通过对信息系统基本信息（包括数据库和文件的连接信息）的统一登记，简化了数据交换流程，为数据流通提供了无缝对接的技术准备，提高了数据交换的效率和安全性。

数据共享申请功能为数据需求方开辟了快速通道。数据所有方将数据资源编目后，其他部门可通过平台便捷查询并提交数据请求，根据实际需求获取所需数据，这种机制极大地促进了部门间的协同作业和数据利用效率。

数据共享审批流程确保了数据流动的规范与安全。数据所有方通过平台接收请求，并基于请求内容审慎决定是否授权。一旦批准，数据将按照预设的安全协议传输给请求方，确保了数据流通的有序性和合规性。

综上所述，北京城市副中心目录链平台通过以上功能，实现了数据管理的高效与透明和数据的安全跨部门共享。这不仅提升了政务服务的协同效率，还为公众提供了更精准的公共服务，同时为政府决策提供了全面、及时的数据支撑，最终助力北京城市副中心数字经济的高质量发展和数据要素交换迈向智能化、高效化的新阶段。

（2）实现效果。

北京城市副中心目录链平台作为北京数据基础制度先行区的数字经济标杆案例，通过创新的数据交换机制，实现了数据高效、安全、低成本、可追溯的流转，为接下来数据在先行区有效流动提供了技术环境和数据环境，并为向全国领先的自然语言交互的数据共享体系过渡打下坚实基础。它不仅展示了“区块链+自然语言交互模型”的数据交换体系雏形版本，还为全国乃至全球数据交互体系提供了经验，有效推动了数据要素与实体经济的深度融合，还会促进数据要素市场快速、低成本扩展，推动先行区不断探索并完善数据流通机制，树立样本证例。

6.2.3　无锡市城市数字底座服务

江苏省无锡市积极探索打造城市数字治理“无锡方案”，围绕“看见、预见、应急调度”目标定位，努力发挥“平时监测预警、战时指挥调度”职能，全面融入高水平“数字无锡”建设大局，着力在运行体系优化、平台应用支撑、数据归集共享、协调联动处置、政务服务增效和基层治理赋能等方面取得突破性成效。

一是坚持共建共享共用，数字底座能力不断提升。持续推进数字底座跨部门、跨层级、跨地区数据汇聚融合、深度治理与按需共享，努力构建全市一体化数据资源体系，逐步提升数据资源归集管理、共享交换、治理融合和数据服务能力，以及共性应用组件建设、复用和运营水平。从 2021 年 9 月到 2024 年 5 月 31 日，数据中台累计汇聚 61 个部门共 230.94 亿条数据，向 69 个单位共享数据 145.42 亿条，提供接口调用 4.4 亿次。较好实现一次采集、多方利用。融合业务部门精准需求，探索数据赋能合作新方式，为市总工会、团市委、市妇联、市红十字会等团体组织量身打造 7 类“数字身份”荣誉认证体系，提升专属人群用户场景交互体验满意度；快速响应社保业务数据需求，精准助力参保登记、待遇资格认定、业务鉴定，推动全民参保工作再上新台阶；回流支撑幼儿园教育报名场景数据接口，实现入学录取全流程无纸化管理；定向共享单车治理、城市防汛排涝、智慧社区专题数据，助力构建城市安全防护线与便民服务生活圈。

数字底座能力中台首批上线统一电子工单、统一身份认证、统一电子证件照等 8 项可对外提供服务的功能。同时，新增低代码、轻应用等数据工具集。探索生成式人工智能中台的应用，旨在推动集约建设、快速响应解决基层需求。迄今为止，已为科技局、民政局等部门，以及基层社区（村）免费开发了 15 个实用的轻量级应用。

二是实战实用，城运平台效能显著提升。基于数字底座基础建设的城运平台建成投运，“城市之眼”系统汇聚超 32 万个视频资源，部署高空鹰眼 540 路、智能识别算法 57 种。其中，值班值守系统在市级部署试用，并在 8 个区 15 个镇街道复用，累计产生值班记录 6729 条；城市生命体征管理系统已开始探索“消防”“保安全”“稳经济”“城市要素”“双碳”等专题子体征库的建设，初步完成了第一批指标分类和标准编码；事件协同处置系统已上线，打通了事件协同处置主渠道，累计完成了城市管理执法、“三清三治”等事件处置 1205 项。此外，联合打造的全省首个全市域、跨部门、基于 5G 网络的无人机共享服务平台已接入了三级城运和公安、消防、应急、城管等部门的无人机 200 余架，部署了 24 小时无人值守智能方舱 8 个，实现了利用无人机力量的全市域指挥调度和全时段快速响应。与市公安局进一步筹划了“太湖之鹰”警务政务一体化应用场景的建设，高效、精准地为警务实战和市域治理提供支持，实现了视频点位入格治理，准确率达 98.87%，

三是实现“全域感知”，做好监测预警支撑。结合全年度重要时间节点、重大事项，围绕城市文明创建、雨雪冰冻应对、森林防火、蓝藻打捞、防汛排涝、中高考护航、节假日活动监测、突发事项应对等 15 个专题，按照“24 节气表”制定了年度运行重点任务清单，梳理了 636 个专题视频预案，充分运用大数据、无人机、视频监测、智能算法等技术手段，持续进行智能算法专题监测和视频预案轮巡监测，智能发现城市问题 2 万余件。无人机全年飞行 1600 余架次，广泛应用于重大项目巡查、文明城市创建、消防救援与应急处置等多个城市治理场景，为无锡市实现科学化决策、智能化管理提供有力支撑。其中，协同市文明办进行了“科技支撑文明城市”的创建工作，在全市 1447 个样本框中布设机动车违停、占道经营、暴露垃圾、沿街晾晒等 14 类算法，累计推送办结 2269 件城市不文明工单。

数字底座是构建数字无锡，推动无锡数字化转型的数字基石，是搭建数字无锡的组件库，是连接城市底层硬件基础设施和上层智慧应用的“桥梁”。数字底座从网络、数据与能力三方面，为无锡数字化建设提供源源

不断的支持。无锡结合自身的产业与技术条件，建设数字底座，形成高效、集约、开放式的数字环境，可对城市全域数据进行智能化分析和运营，支撑城市各场景垂直领域的应用服务，协助城市进行精细化管理与智能化运行，全面支撑无锡市数字化转型发展。

6.2.4　贵州省方舆数字底座服务

贵州省建立的方舆数字底座是一个数字经济基础设施及运营平台（简称“方舆”系统），由华创证券牵头建设，作为响应“数字中国”建设规划的创新实践，紧密贴合经济产业生态与社会治理融合发展的现实需求，着眼于数据应用的基层落地。该平台设计了一整套新一代数字城市解决方案，旨在通过集成先进的信息技术，构建起一个高效、协同的数字化生态环境，促进地方经济的转型升级和社会治理的现代化。

（1）主要构成与功能。

数字技术底座：平台构建了“五平台、三中心、四大原生数据库”的技术架构，为数字城市的运行提供了坚实基础。“五平台”包括数据处理、分析、交换等平台，“三中心”包括数据中心、运维中心、服务中心，确保了数据的安全、高效处理与存储。“四大原生数据库”则涵盖了地理信息、人口经济、政务服务、市场交易等关键领域，为数据的深度挖掘和应用提供了丰富的资源池。

应用基础设施：平台设计了两大类应用基础设施——数字社会治理基础设施与数字交易市场基础设施。前者服务于基层治理，通过数字化工具提升政府服务效率与公众参与度；后者则构建了本地数字化交易市场，促进商品、服务、数据的高效流通与本地经济循环。

原生数据治理体系：构建了一套完整的数据治理体系，从数据采集、清洗、整合到分析、应用、安全保护，形成了闭环管理。该体系有助于打破数据孤岛，实现数据资源的开放共享与价值最大化。

（2）特色与应用场景。

社会治理数字化：在贵州省的实际运营中，“方舆”系统实现了政府、企业和个人之间的全面连接，构建了“纵向到底、横向到边、主动响应”的服务体系。这不仅提升了社会治理效率，还通过数字化手段增强了民众的获得感和服务体验。

数字交易市场建设：通过打造本地统一的数字化市场平台，快速连接区域范围内的企业、个人、金融机构、社会主体、政府职能部门，实现一网统管、一网通办、一码通用、统一市场，驱动交易、数据、资金的本地化归集与高效运作，推动了区域经济的内循环和产业升级。

“地网”工程：加速了城市级通用数字底座的建设和运营，通过数字技术底座，快速部署各类数字化应用，如智慧政务、智慧社区、智慧交通等，有效推动了“地网”工程的实施，提升了城市的智能化水平和公共服务能力。

“三网”融合运营：实现了组织网、服务网、交易网的深度融合与协同运营，促进了实体与数字世界的深度融合，推动了地方经济的数字化转型和高质量发展。

（3）建设意义。

“方舆”系统通过构建一体化的数字生态系统，不仅打破了传统的数据壁垒，促进了数据资源的流动与价值释放，还通过数字化手段重塑了社会治理和经济活动的模式，为地方政府、企业及公众提供了便捷、高效、智慧的服务与管理工具，有力推动了贵州省乃至更广泛地区的数字经济发展与社会治理创新。

6.3 经验分析和政策建议

随着数字经济的深入发展，数据要素基础设施的建设已逐渐成为推动全球经济发展的关键力量。从新加坡的“智慧国家”计划到德国的数据战略，再到“数字中国”建设目标，前面深入剖析了多个国家和地区的成功案例，以期总结出数据要素基础设施建设的关键要素、面临的挑战与应对策略，以及未来发展方向。

（1）数据要素基础设施建设的关键要素。

在推进数据要素基础设施建设的过程中，有几个关键要素不容忽视。首先是战略规划，一个明确且具有前瞻性的规划能够确保项目的有序推进，如新加坡和中国的国家级规划均体现了这一点。其次是技术创新，新的科技手段如云计算、大数据处理等，都是提升数据处理和应用能力的关键，德国在高性能计算领域的投入便是证明。再次，数据安全也不容忽视，它既是公众关切的焦点，也是各国政府必须重视的问题，如德国严格的数据保护法律体系以及中国中山市隐私计算联盟的实践都凸显了这一点。最后，国际合作在数据要素基础设施建设中也越来越重要，新加坡与多国在数字领域的合作即为例证。

（2）面临的挑战与应对策略。

尽管数据要素基础设施建设取得了显著进展，但仍面临诸多挑战。其中，技术瓶颈是一个重要问题，需要持续加大研发投入，推动技术突破，并加强"产学研用"合作以促进科技成果转化；同时，数据安全问题也日益突出，这要求各国不断进行技术创新，并应用先进的技术手段（如隐私计算）来提升数据处理的安全性和隐私性；法律法规的不完善也是一大难题，需要通过国际合作来共同推动全球数据治理体系的进步。

面对上述挑战的应对策略如下。

① 加强顶层设计与规划。政府应制定清晰、具体的战略规划，明确数据要素基础设施建设的目标、任务和时间表。这有助于确保各项工作的有序推进，避免资源浪费和重复建设。同时，应加强与相关部门的协调与配合，形成合力，共同推动数据要素基础设施建设的快速发展。

② 加大资金的投入。数据要素基础设施建设需要大量的资金投入，政府应加大财政投入，同时积极吸引社会资本参与。此外，还应建立多元化的融资渠道，如发行专项债券、引入社会资本等，为数据要素基础设施建设提供充足的资金支持。

③ 推动技术创新与人才培养。技术创新是数据要素基础设施建设的关键驱动力。政府应鼓励和支持企业、高校和科研机构加强技术研发和创新，推动新技术在数据要素基础设施建设中的应用。同时，还应加强人才培养和引进，为数据要素基础设施建设提供充足的人才保障。

④ 加强网络安全与数据安全保障。随着数据要素基础设施建设的不断推进，网络安全和数据安全问题日益凸显。政府应加强网络安全和数据安全的法规制定和执行力度，建立健全网络安全和数据安全保障体系。同时，还应加强与国际合作伙伴的交流与合作，共同应对网络安全和数据安全的挑战。

⑤ 推动应用与服务创新。数据要素基础设施建设的最终目的是为经济社会的发展提供有力支撑。政府应积极推动智慧城市、数字经济等领域的创新和应用，提高政府服务效率和社会治理能力。同时，还应鼓励和支持企业进行数字化转型和创新发展，为经济社会发展注入新动力。

（3）未来发展方向与展望。

展望未来，数据要素基础设施建设正迎来前所未有的发展机遇，向着更加智能化、安全化和国际化的方向迈进。这一趋势不仅体现了技术进步对社会经济的深远影响，也反映了全球对于数据价值认知的不断提升。随着人工智能、区块链、大数据等前沿技术的深度融合与应用，数据要素基础设施将展现出前所未有的智能分析与处理能力，为各行各业提供更为精准、高效的数据服务，从而推动数字经济的高质量发展。

智能化方面，未来数据要素基础设施将依托于生成式大模型、自然语言处理、计算机视觉等人工智能技术，实现从数据采集、存储、处理到分析的全流程自动化与智能化。这将极大提升数据处理效率，降低运营成本，同时促进个性化服务与创新应用的涌现，为用户带来更加便捷、个性化的体验。

安全化方面，面对日益复杂的网络环境与数据泄露风险，数据安全保护将成为数据要素基础设施建设的重中之重。这不仅需要采用先进的加密技术、防火墙系统、入侵检测系统等硬核防护措施，更需建立健全数据安全法律法规体系，强化数据隐私保护意识，构建全方位、多层次的数据安全保障体系，确保数据在传输、存储、使用过程中的安全性与合规性。

国际化方面，数据作为21世纪的新“石油”，其流动与共享已成为推动全球经济一体化的关键因素。因此，加强国际间的数据合作与交流，共同制定数据治理规则，促进数据要素的全球优化配置，对于构建开放、包容、普惠的数字世界具有重要意义。各国应秉持多边主义精神，深化数据政策对话与协调，推动建立公平合理、透明高效的数据治理体系，为全球数据要素市场的发展注入强大动力。

总之，数据要素基础设施建设不仅是数字经济时代的核心支撑，也是全球经济增长的新引擎。面对机遇与挑战并存的未来，我们需要持续加强技术创新，深化国际合作，完善数据治理体系，共同营造一个既充满活力又安全可控的数字生态。唯有如此，我们才能携手迈向一个更加繁荣、安全、可持续的数字经济新时代。

第7章

数据要素基础设施对数字经济的影响

7.1 数据要素基础设施与经济增长的关系

在数字经济蓬勃发展的今天，数据要素基础设施如同一张巨大的网络，连接着每一个经济活动的节点，为经济增长注入了源源不断的动力。这张网络不仅推动了数据的确权与流通，更促进了技术的融合与经济活动的智能化，已经成为推动经济增长不可或缺的关键因素。

7.1.1 数据要素基础设施对经济增长的推动作用

数据要素基础设施，作为数字经济的核心支撑，对经济增长的推动作用主要体现在以下几个方面。

（1）数据要素基础设施与数据确权及流通效率。

在数字经济时代，数据确权成为保障数据交易公平、透明的基础。数据要素基础设施通过提供完善的权属登记和追踪机制，确保了数据来源是合法的且可追溯的，从而简化了数据所有权的确认过程，降低了数据交易的风险与成本。此外，数据要素基础设施通过优化数据传输和处理技术，提高了数据流通的效率。就如同高速公路网对于实体物流的重要性一样，数据要素基础设施的建设为数据流动提供了更为高效、便捷的通道，使信息能够在供需双方之间迅速匹配，减少了交易摩擦，提升了经济活动的灵活性与响应速度。在数字时代背景下，数据已成为一种重要的生产要素，其价值的实现依赖于有效的确权与流通。数据要素基础设施通过标准化的数据权属登记、追踪和可信共享机制，确保了数据来源的合法性和清晰度，进一步降低了数据交易中的摩擦成本，促进了数据的高效流通与价值最大化。

（2）技术融合与智能化经济活动的提升。

随着大数据、人工智能等前沿技术的快速发展，技术融合已成为推动经济活动智能化的关键途径。数据要素基础设施作为这些技术应用的载体和支持平台，为技术融合提供了必要的环境和条件。通过数据要素基础设施的建设和不断完善，企业能够更加便捷地获取、处理和分析数据，实现技术应用的深度集成与创新发展。这种融合型数据要素基础设施不仅提升了经济活动的智能化水平，还促进了产业链上下游的信息透明化与协同合作，优化了供应链管理，提高了市场的反应速度与效率。借助大数据分析，企业能够实时掌握市场动态和消费者需求，进而优化产品设计与生产流程，实现个性化定制和精准营销。而人工智能技术的应用，则进一步提升了生产数据决策智能化水平，赋予企业更强的竞争优势，并有助于催生新的产业形态和商业模式，为经济增长注入了新的活力。总体而言，数据要素基础设施通过支持技术融合，助力经济活动向更高层次的智能化发展。

（3）数据服务与数据交易市场的催化作用。

数据要素基础设施的完善为数据服务和数据交易市场的兴起提供了必要的基础。随着数据价值的日益凸显，数据服务和数据交易市场逐渐成为数字经济中不可或缺的一部分。数据要素基础设施的建设不仅为数据服务提供了更加高效、便捷的支持，还促进了数据服务产业的快速发展。数据汇集、清洗、分析、可视化等服务为企业提供了从数据采集到价值实现的全方位支持；而智能化的数据共享机制则使数据成为一种流动性极强的资产，为数据拥有者开辟了新的盈利渠道。这种数据服务与数据交易市场的兴起不仅为数字经济增添了新的增长点，还促进了经济结构的优化和升级，为经济多元化发展注入了新动力。通过这些方式，数据要素基础设施不仅为数据服务和交易市场的成长提供了助力，也推动了整个经济体系向更加智能、高效的模式转变。

7.1.2 经济增长对数据要素基础设施的反馈效应

在数字经济蓬勃发展的今天，经济增长与数据要素基础设施之间的关系愈发紧密，构成了一个相互促进、共同发展的生态系统。经济增长对数据要素基础设施的反馈效应不仅体现在资金、技术、产业和人才等多个方面，更在推动数据要素基础设施的持续迭代与优化升级上发挥着至关重要的作用。

首先，经济增长为数据要素基础设施的建设提供了坚实的经济基础和市场动力。随着经济体量的不断增长，企业和政府对数据处理能力的需求也急剧增加。这种需求源自业务扩张带来的海量数据处理挑战，以及对数据分析深度和广度的更高要求，以支撑更加精准的决策制定和市场响应。为了满足这些需求，大量资金被投入到数据存储、处理、分析及安全保障技术的研发和应用中。这些投资不仅用于现有基础设施的维护和优化，更重要的是推动了新技术的研发和应用，如更高级别的数据加密技术、更高效的分布式计算框架，以及更智能的数据治理工具等。这些技术的不断革新和应用，进一步巩固了数据作为关键生产要素的地位，为数字经济的持续发展提供了有力支撑。

其次，经济增长过程中新兴行业和业态的涌现对数据要素基础设施提出了更高要求。随着电子商务、数字健康、智能制造等新兴行业和业态的快速发展，不仅产生了大量的新数据类型和数据应用场景，也对数据处理的速度、灵活性和安全性提出了更高的要求。这种需求倒逼数据要素基础设施不断进化，推动了诸如实时数据处理、大数据流处理，以及跨域数据共享平台等先进技术和服务的发展。这些技术和服务的广泛应用，使得数据要素基础设施能够更好地服务于多样化的经济活动，进而推动产业结构的优化升级和经济的高质量发展。

再次，经济增长与技术创新之间形成了良性互动关系。经济增长促进了科技创新的投资，特别是在人工智能、物联网、区块链等前沿领域。这些技术的快速发展不仅推动了数据要素基础设施的智能化、自动化和透明化，还为其提供了更多的创新应用场景。例如，区块链技术的应用增强了数据的可信度和可追溯性，使得数据在交易和共享过程中更加安全可靠；物联网技术则极大拓展了数据采集的边界，使得更多类型的数据能够被收集、分析和利用。这些技术的融合应用不仅提升了数据的价值转化效率，还推动了新的商业模式和产业生态的形成。

最后，经济增长促进了人才的聚集和培养。随着数字经济的快速发展，越来越多的资本和人才投入到数据科学、信息技术等相关领域中。这些专业的数据工程师、数据分析师和数据科学家不仅提升了数据处理的专业性和效率，还为探索数据的新应用、新模式提供了无限可能。他们的创新精神和专业技能是推动数据要素基础设施持续发展的关键力量。同时，随着人才聚集效应的增强，越来越多的优秀人才被吸引到这一领域中来，形成了良性循环和人才储备的积累。

在经济增长的推动下，数据要素基础设施的建设和发展呈现出以下显著特点。

（1）规模化。随着数据处理需求的不断增长，数据要素基础设施的规模也在不断扩大。越来越多的数据中心、云计算平台和大数据处理平台被建立起来，以满足日益增长的数据处理需求。

（2）智能化。随着人工智能、机器学习等技术的不断发展，数据要素基础设施也在逐步实现智能化。通过智能算法和模型的应用，数据能够被更高效地处理和分析，为决策提供更有力的支持。

（3）安全性。随着数据泄露和网络攻击等安全风险的增加，数据要素基础设施的安全性也备受关注。通过加强数据加密、访问控制和安全审计等措施的实施，可以确保数据的安全性和可信度。

（4）开放性。随着数据共享和开放需求的增加，数据要素基础设施的开放性也在不断提升。通过建立跨域数据共享平台和开放数据接口等措施的实施，可以促进数据在不同领域和部门之间的流通和共享。

综上所述，对数据要素基础设施进行反馈分析具有深远的意义。不仅为数据要素基础设施的建设提供了必要的经济条件和市场动力，还在技术革新、产业升级、人才发展等多个层面与其形成了紧密的正向反馈关系。

这种关系共同推动了数字经济的高质量发展和经济结构的持续优化升级。未来随着数字经济的不断发展壮大和经济结构的不断转型升级，数据要素基础设施将会发挥更加重要的作用，具有更大影响力。

7.2 数据要素基础设施在产业升级中的作用

在当今数字化浪潮中，数据要素基础设施已成为推动产业升级的关键力量。它不仅在传统产业的改造与升级中发挥着重要作用，更是引领新兴产业发展、促进经济结构优化的重要引擎。本节将深入探讨数据要素基础设施在产业升级中的多重作用，特别是在制造业、农业、零售业和服务业等领域的应用与影响。

7.2.1 数据要素基础设施对传统产业的改造与升级

数据要素基础设施在传统产业的改造与升级中起着重要的催化作用。在产业变革的浪潮中，它不仅是传统产业迈向现代化的重要推手，更是促进传统产业深层次、全方位升级的关键力量。

（1）制造业。

制造业作为国民经济的支柱产业，其转型升级对于推动整个经济的高质量发展具有重要意义。数据要素基础设施的融入，为传统制造业带来了颠覆性的变革。物联网传感器的广泛应用，使得机器与机器、机器与系统之间实现了无缝通信，构建了一个高度灵活、自适应的生产环境。这种智能化生产模式不仅提高了生产效率，降低了生产成本，还使得企业能够更快地响应市场变化，满足消费者个性化、多样化的需求。

在智能工厂中，实时收集生产线上的各种数据，如设备状态、生产进度、质量检测结果等，通过大数据分析预测潜在故障，实施预防性维护，可以降低设备故障率，减少停机时间。同时，人工智能算法的应用也优化了生产过程，根据订单需求和产能动态调整生产计划，实现了个性化定制与批量生产的高效结合。这不仅提高了企业的市场竞争力，也推动了制造业向数字化、智能化、柔性化方向发展。

（2）农业。

农业作为国民经济的基础产业，其转型升级同样具有重要意义。数据要素基础设施的应用，为现代农业带来了革命性的变化。通过安装在田间的传感器网络收集土壤湿度、气候状况、作物生长数据等，结合卫星图像和气象预报，农民能够精准实施灌溉、施肥和病虫害防治，既节约了资源，又保障了作物健康成长。这种精准农业模式不仅提高了农业生产效率，也促进了农业可持续发展。

此外，大数据分析还能帮助预测农产品的市场需求和价格波动，指导种植结构调整。农民可以根据市场需求变化，合理安排种植计划，减少盲目性和风险性。同时，数据要素基础设施还推动了农产品电商的发展，拓宽了农产品销售渠道，提高了农产品的附加值。

（3）零售业。

在零售领域，数据要素基础设施推动了线上线下融合的“新零售”模式的发展。通过收集顾客的购物行为、社交媒体互动信息、位置信息等多源数据，零售商能够构建细致的消费者画像，实施精准营销和个性化推荐。这种以消费者为中心的营销策略不仅提高了顾客满意度和忠诚度，也增强了零售商的市场竞争力。

同时，智能库存管理系统通过分析历史销售数据和市场趋势，自动调整库存水平，减少了过度库存或缺货情况的发生。这不仅降低了库存成本，也优化了供应链效率。此外，数据要素基础设施还推动了无人店、无人货架等新型零售业态的发展，为消费者提供了更加便捷、智能的购物体验。

（4）服务业。

服务业作为国民经济的重要组成部分，其转型升级同样离不开数据要素基础设施的支持。在旅游行业中，通过分析用户搜索、预订习惯和反馈等信息，旅游服务平台能够提供定制化旅行方案，增强用户体验；在金融服务领域，大数据分析被广泛应用于信用评估、欺诈检测等方面，提高了金融服务的便捷性和安全性；在健康管理服务中，个人健康数据的整合与分析帮助制订个性化健康管理计划，推动了预防医学的发展。这些应用不仅提高了服务业的服务质量和效率，也促进了服务业的创新发展。

综上所述，数据要素基础设施在产业升级中发挥着重要作用。它不仅推动了传统产业的改造与升级，也引领了新兴产业的发展。随着技术的不断进步和应用场景的不断拓展，数据要素基础设施将在未来产业升级中发挥更加重要的作用。

7.2.2 数据要素基础设施对新兴产业的培育与发展

在数字化、智能化时代，数据要素基础设施不仅对传统产业带来了革命性的变革，更为新兴产业的培育与发展提供了强有力的支撑。它如同一片肥沃的土壤，孕育着无数创新的种子，推动着新兴产业从萌芽到壮大，最终成为推动经济增长的新动力。

（1）云计算与创新创业。

云计算作为数据要素基础设施的重要组成部分，以其弹性伸缩、按需付费的特点，为创新创业提供了广阔的空间。初创企业无需在基础设施上投入大量资金，只需通过云平台即可快速部署服务，实现资源的灵活配置。这不仅降低了企业的启动成本，还大大简化了运维的复杂度，使创业者能够更专注于产品的创新和市场的开拓。

云平台所提供的大数据分析、机器学习等高级服务，更是为创新应用的研发提供了强大的技术支持。通过对海量数据的挖掘和分析，企业能够发现新的市场需求和商业机会，从而快速响应市场变化，实现产品的迭代升级。这种以数据为驱动的创新模式，不仅提高了企业的市场竞争力，也为整个产业的创新发展注入了新的活力。

（2）人工智能产业。

数据要素基础设施的完善，为人工智能的深入应用提供了坚实的基础。在医疗领域，人工智能辅助诊断系统通过分析大量的医疗影像和病例数据，能够快速准确地识别疾病，提高诊断的准确率和效率。这不仅为患者带来了更好的治疗体验，也为医生提供了更科学的诊断依据。

自动驾驶技术作为人工智能的重要应用之一，也离不开数据要素基础设施的支持。实时数据处理和高精度地图是自动驾驶技术的核心，而数据要素基础设施能够确保这些数据的准确性和实时性，从而实现车辆的自主导航和安全驾驶。这将推动未来出行方式的变革，为人们带来更加便捷、安全的出行体验。

智能物流系统则是人工智能在物流领域的又一重要应用。通过对历史销售数据、库存数据等进行分析，智能物流系统能够预测未来的需求变化，从而优化配送路线。这不仅提高了物流效率，降低了运营成本，还为消费者提供了更加快速、准确的配送服务。

（3）区块链技术应用。

区块链作为一种分布式账本技术，以其数据不可篡改、透明度高、安全性强等特点，为多个行业带来了革命性的变化。在金融行业，区块链技术被广泛应用于跨境支付、供应链融资等场景。通过区块链技术，可以实现资金的快速转移和清算，降低了交易成本和风险。同时，区块链技术还能够实现供应链的透明化和可追溯性，提高了供应链的效率和安全性。

在版权管理领域，区块链技术也发挥了重要作用。通过区块链记录作品的创作、传播和使用情况，可以确保数据的真实性和可信度。这为创作者提供了更加可靠的版权保护手段，有效解决了版权归属和侵权监测的难题。同时，这也为数字内容产业的健康发展提供了有力保障。

此外，区块链在食品安全追溯、投票系统等方面的应用也展现了其巨大的潜力。通过区块链技术，可以实现对食品生产、加工、运输等环节的全程追溯，确保食品的安全性和可追溯性。在投票系统中，区块链技术可以确保投票过程的公开透明，防止舞弊行为的发生。

综上所述，数据要素基础设施在推动传统产业转型升级与新兴产业培育发展中起到了核心支撑作用。它不仅优化了资源配置，提高了生产效率，还激发了创新活力，促进了经济结构的深度调整和经济的高质量发展。随着技术的不断进步和应用场景的不断拓展，数据要素基础设施将在未来发挥更加重要的作用，为经济社会的持续发展注入新的动力。

7.3 数据要素基础设施对创新能力的影响

在当今这个数据驱动的时代，数据要素基础设施已成为科技创新的重要基石。它不仅为科技创新活动提供了坚实的物质和技术保障，还通过构建开放共享平台，极大地促进了知识的流通、加速了创新的步伐。

7.3.1 数据要素基础设施对科技创新的支撑作用

随着科技的飞速发展，数据要素基础设施也在不断完善和成熟。它为科研人员提供了一套全面、高效的支撑体系，使得科技创新活动能够更加顺利地进行。这个支撑体系的核心在于开放共享平台的构建，这个平台不仅是数据资源的聚集地，更是科研合作、知识整合与创新思维碰撞的交汇点。

（1）促进数据资源的广泛获取与高效利用。

在开放共享平台上，科研人员可以轻松访问海量的数据资源。这些数据来自全球各地、涵盖各个领域，包括科研实验数据、市场调研数据、社会调查数据等。数据要素基础设施通过高度整合数据库、云存储解决方案和高速数据传输网络，确保了这些数据的可获取性、时效性和完整性。

科研人员可以利用这些数据资源进行深入的挖掘和分析，从而发现新的科学规律、提出新的理论假设。同时，这些数据还可以为科研人员提供有力的实证支持，帮助他们验证和修正已有的科学理论。这种广泛获取和高效利用数据资源的能力，使得科研人员能够更加快速地推进科研进程，取得更多的创新成果。

（2）强化跨学科合作与知识融合。

在科技创新的过程中，跨学科合作已经成为一种趋势。数据要素基础设施的开放共享平台为这种合作提供了有力的支持。通过平台提供的标准化数据格式和互操作工具，不同领域的专家可以轻松地实现数据的交换和融合。这使得他们能够共同解决那些跨越单一学科边界的复杂问题，推动科技创新向更深层次、更广泛领域发展。

例如，在应对气候变化的研究中，气候学家、经济学家、社会学家等可以通过共享和分析跨领域的数据，更加全面地理解气候变化对全球经济、社会结构的影响。他们可以从不同角度提出应对策略，共同推动全球气候治理的进程。在公共健康领域，遗传学、流行病学、公共卫生政策等多学科数据的整合，为精准医疗、疫情预测和防控提供了坚实的数据基础。这种跨学科合作与知识融合的能力，不仅有助于解决复杂问题，还能够推动新学科的诞生和发展。

（3）助力科研成果的快速转化与社会应用。

科技创新的最终目的是服务于社会经济发展和人类文明进步。数据要素基础设施的开放共享平台为科研成果的转化提供了有力的支持。平台通过提供专利查询、技术转移服务和产学研合作对接功能，促进了科研成果的有效传播和商业化。

科研人员可以在平台上发布自己的研究成果，并与工业界、政府机构和其他研究团队进行对接。他们可以通过平台了解市场需求、寻找合作伙伴、推动技术验证和产品原型开发。这种高效的转化过程使得科研成果能够迅速转化为实际应用，服务于社会经济发展。同时，这也为科研人员提供了更多的经济回报，激发了他们的创新热情和创新动力。

综上所述，数据要素基础设施对开放共享平台的构建与强化，不仅为科技创新提供了强有力的支撑，还为跨学科合作、知识融合以及科研成果的转化提供了广阔的空间。这种支撑作用不仅体现在科研领域，更深刻地影响着整个社会经济的发展和人类文明的进步。随着数据要素基础设施的不断完善和发展，我们有理由相信，它将为全球科技创新体系的持续发展提供更加有力的支持。

7.3.2 数据要素基础设施对创新生态的塑造与影响

随着信息技术的飞速发展，数据要素基础设施的完善不仅代表了技术层面的显著进步，更深远地影响着整个创新生态系统的构建和演进，并塑造出一个更加多元、开放、协作的创新生态环境，为科技创新和社会进步注入了新的活力。

（1）跨界合作的催化剂。

数据要素基础设施的完善，为不同领域、不同背景的创新者搭建了一个共同探索数据价值的平台。这个平台超越了传统行业界限，汇聚了全球各地的创新人才和团队，使得跨界合作成为可能。无论是初创企业还是跨国巨头，都能在这个平台上找到共同的目标和合作机会。通过数据共享和分析工具，创新者能够迅速验证假设、测试新产品，甚至发掘全新的市场机会。

开放数据竞赛是这一趋势的生动体现。这些竞赛不仅吸引了全球顶尖的数据科学家和算法工程师，鼓励他们针对特定问题开发高效解决方案，还促进了技术的横向交流与融合。在竞赛过程中，不同领域的专家能够相互交流、碰撞思想，从而激发出更多的创新灵感。这种跨界合作与创意碰撞，不仅加速了人工智能、大数据分析等技术的实际应用步伐，也为整个社会带来了更多的福祉。

（2）创新资源高效配置的关键引擎。

在数据要素基础设施的支撑下，创新资源的配置变得更加高效和灵活。通过优化的数据分类、标签化和索引机制，创新者能够迅速找到所需的数据集、计算资源、合作伙伴等信息，降低了创新的门槛和成本。这种高效配置的资源模式，为小规模创新团队和个体创新者提供了与大型企业同台竞技的机会，进一步促进了创新生态的多元化发展。

此外，数据要素基础设施的完善还推动了产学研的深度融合。通过整合学术界、工业界和政府资源，实现了科研成果的快速转化和应用。这种合作模式不仅加速了技术创新的步伐，还促进了产业结构的优化升级，为经济社会的全面数字化转型提供了有力支撑。

（3）数据治理与安全的坚实基础。

在推动开放创新的同时，在数据要素基础设施建设过程中应高度重视数据治理和安全问题。它通过建立健全数据隐私保护机制和数据安全体系，确保数据在流动、共享、应用过程中的合法性和安全性。这包括严格的数据权限管理、加密传输、匿名化处理等技术措施，以及数据伦理、合规性审查等软性制度建设。

这种健康的数据使用环境不仅赢得了公众的信任和支持，还保障了个人和企业的数据权益。它为创新者提供了一个安全、可靠的数据环境，使得他们能够更加放心地探索数据的价值和应用。同时，这种数据治理方法和安全保障措施也为长期的创新活动提供了稳定的支撑，避免了因数据滥用导致的创新生态破坏，保障了数字经济的可持续发展。

（4）数字经济长远发展的强大动力。

数据要素基础设施作为创新生态的核心构件，对数字经济的长远发展具有深远的影响。它缩短了技术创新与商业应用的迭代周期，推动了新产品的快速上市和市场的快速响应。同时，它还通过促进跨界合作、优化资源配置、强化数据治理等手段，为数字经济的长远发展注入了强劲的动力。

在微观层面，数据要素基础设施激发了创新者的创意和活力，使得他们能够更加快速地验证想法、测试产品，并不断优化和改进；在宏观层面，它促进了产业结构的优化升级和经济的数字化转型。随着数据要素基础设施的不断进化和完善，未来的创新生态将更加开放、包容和高效，为社会进步和人类文明的发展提供更加坚实的基础。

综上所述，数据要素基础设施对创新生态的塑造与影响是深远而广泛的。它不仅推动了跨界合作的加速发展，还促进了创新资源的高效配置和产学研的深度融合。同时，它还为数字经济的长远发展提供了坚实的基础和强大的动力。随着技术的不断进步和应用场景的不断拓展，数据要素基础设施将在未来的创新生态中发挥更加重要的作用，推动人类社会向更加智能化的方向迈进。

第 8 章

结论与展望

8.1 本书主要观点总结与回顾

8.1.1 数据要素基础设施的重要性与价值

本书揭示了数据要素基础设施在数字经济中的核心地位与深远影响。在这个数字化浪潮汹涌澎湃的时代，数据要素基础设施已不仅仅是一个技术层面的概念，它更是推动经济增长、产业升级的“引擎”，是构建现代经济体系的基石。

首先，从资源配置的角度来看，数据要素基础设施发挥着至关重要的作用。它通过构建高效的数据管理体系，使得资源能够得到合理的分配与利用，避免了资源的浪费。同时，数据的高效管理也促进了生产流程的精简与高效，使得经济活动运行得更加顺畅，为数字经济的快速响应与扩展提供了坚实的基础。

其次，数据要素基础设施对于创新的激励与相关问题的解决具有深远的影响。在数据的流动与分析中，我们可以发现传统模式下的盲区，发现之前未曾察觉的问题与挑战。这些数据分析结果为企业、政府和研究机构提供了新颖的解决方案，激励他们探索未知领域，解决复杂的社会经济、环境问题。无论是在节能减排、公共服务改进方面，还是在其他领域的创新中，数据要素基础设施都为其提供了强有力的支持。

再次，数据要素基础设施在科研强化与知识共享方面也发挥着不可替代的作用。科研人员可以通过数据要素基础设施快速获取、分析大量数据集，从而推动科研创新，促进新知识的诞生。同时，数据要素基础设施的开放共享机制打破了信息壁垒，促进了跨领域间的信息交流，使得科研成果得以迅速传播，为社会所共享。这种集体智慧的积累不仅推动了科研的进步，也为社会经济的发展注入了新的活力。

最后，数据要素基础设施在数据合规与可持续的数据治理体系构建方面也发挥着关键作用。它通过严格的数据治理与保护措施，确保了数据的合法、安全使用，建立了数据使用的合规框架。这不仅保护了个人与企业的数据隐私，也维护了数据市场的公正竞争环境。在数字经济快速发展的同时，数据要素基础设施为其提供了稳固的法律与道德根基，推动了经济的可持续发展。

综上所述，数据要素基础设施在资源配置优化、创新激励、科研强化、知识共享、合规保障等多个维度上展现了其对数字经济的不可替代的重要性。它不仅推动了社会经济转型与创新，也为保障社会可持续发展提供了有力的支撑。在未来的发展中，我们应进一步加强对数据要素基础设施的建设与管理，充分发挥其在数字经济中的核心作用。

8.1.2　本书研究的主要发现与结论

本书全面而深入地剖析了数据要素基础设施在现代经济转型和科技创新生态中的重要性。通过对数据要素基础设施的细致研究，本书得出了若干关键结论，这些结论不仅揭示了数据要素基础设施的核心价值，也为未来的建设与发展提供了宝贵的理论与实践指导。

首先，本书强调了数据要素基础设施在经济结构转型中的关键作用。随着数字经济的蓬勃发展，数据已经成为推动经济增长的新动力。数据要素基础设施通过优化资源配置、促进产业升级和新兴业态的孕育，为经济模式革新提供了必要的技术支撑。在这一过程中，数据要素基础设施不仅推动了传统产业的数字化转型，也催生了大量新兴产业的崛起，为经济的持续增长注入了新的活力。

其次，本书深入探讨了数据要素基础设施在科技与创新生态中的推动作用。随着数据要素基础设施的成熟发展，数据处理效率得到了显著提升，从获得科研成果到实际应用的转化周期也大大缩短。这种快速反馈和循环不仅推动了科技的进步，还促进了学科间更深层次的合作。在数据要素基础设施的支撑下，科研人员可以更加便捷地获取、分析和利用数据，从而加速科研创新发现和新知识的诞生。同时，数据要素基础设施的开放共享机制也打破了信息壁垒，促进了不同领域之间的知识共享和协同创新，增强了创新生态系统的整体协同性。

再次，本书还特别强调了数据安全和隐私保护在数据要素基础设施发展中的重要性。在数字化时代，数据安全和隐私保护已经成为一个全球性的挑战。本书指出，在推动数据开放共享和流通的同时，必须高度重视数据安全和隐私保护问题。这包括加强技术层面的加密、权限管理等措施，同时也需要完善伦理、法律制度建设，构建安全且开放的创新环境。只有在确保数据安全和隐私得到有效保护的前提下，才能充分发挥数据要素基础设施在推动经济发展和社会进步中的积极作用。

最后，本书强调了数据行业从业者在数据要素基础设施建设与管理中充当的关键角色和起到的作用。相关数据管理部门需要充分认识到数据要素基础设施的重要性，将其作为推动经济发展和社会进步的重要抓手；数据管理部门也需要结合政策引导，推动数据要素基础设施的建设与管理，包括加强技术创新、完善数据治理机制、培养数据思维等方面的工作。数据管理部门需要深入理解数据思维的核心价值，将其贯穿于政策制定、管理决策和人才培养等各个环节中。只有这样，才能确保数据要素基础设施的建设和管理与经济社会发展的需求相适应，实现数字经济时代的可持续发展。

8.2 数据要素基础设施的未来发展趋势

8.2.1 数据要素基础设施与技术创新的演进方向

在未来的技术蓝图中，数据要素基础设施的演进与技术创新之间的协同将变得愈发紧密，它们将携手推动数字化进程向前迈进。云计算、边缘计算、人工智能、区块链等技术的深度融合，不仅为数据要素基础设施的发展注入了新的活力，也为其带来了前所未有的挑战和机遇。

首先，云计算的成熟和边缘计算的普及为数据处理带来了革命性的变化。云计算通过其强大的计算和存储能力，使得数据可以在云端进行高效处理，减少了数据传输的成本和延迟时间。而边缘计算的引入，则使得数据处理更加靠近数据源头，实现了数据的即时处理和响应，使得智能分析变得更加敏捷和高效。这种协同作用不仅提高了数据处理的速度和效率，还显著增强了数据的安全性和可信度，使得数据的流动更加可靠和透明。

其次，人工智能的应用为数据要素基础设施带来了智能化的飞跃。通过机器学习、预测分析、决策支持等技术，人工智能能够自动化地处理大量数据，并提供精准的分析和预测结果。这不仅优化了运维和故障预防流程，还使得基础设施趋向自愈式智能管理。同时，人工智能的引入也促进了数据要素基础设施的创新和优化，推动了数据价值的深度挖掘和应用。

再次，区块链技术的引入为数据资产化提供了强有力的支持。区块链的不可篡改性和去中心化特性，确保了数据的安全性和可信度。在数据交易和共享过程中，区块链技术能够提供透明、安全的交易环境，促进信任生态的建立。这不仅为数据要素基础设施的发展提供了坚实的保障，也为数字经济的繁荣注入了新的动力。

最后，随着技术的不断深化和融合，数据要素基础设施将逐渐演变为更加智能、自适应力更强的系统。它将能够根据业务负载自动调整资源分配，预测需求变化，减少冗余量，提高整体效率。同时，它的安全性能和隐私保护机制也将进一步得到加强，以确保数据在传输、存储和处理过程中的安全性和可信度。低延迟的处理能力将保证实时性，支持高并发处理的特性使得系统即使在复杂、大数据量的情况下也能保持稳定。

综上所述，技术创新与数据要素基础设施的演进是相互依存、相互促进的。技术创新为数据要素基础设施带来了新功能和优化，推动了其向更智能、自适应、低延迟、高安全性的方向发展。而数据要素基础设施的演进又为技术创新提供了实践场所，促进了技术的深化应用和创新突破。这种双螺旋式的互动关系将共同塑造未来数字经济的基石，推动数字化进程不断向前发展。

8.2.2 新型数据要素基础设施的形态与特点预测

当我们展望未来的数据世界，新型数据要素基础设施正逐步成为引领数字化浪潮的核心力量。这种基础设施不仅代表了技术的飞跃，更是对数据处理、存储、分析和应用方式的全面革新。以下是新型数据要素基础设施变化的关键点。

首先，分布式与模块化特征将成为新型数据要素基础设施的显著标志。这种设计使得系统不再依赖于单一的中心节点，而是通过多个分布式的组件来共同承担数据负载。模块化则意味着每个组件都是独立且可替换的，这大大增强了系统的可扩展性和可维护性，使得数据处理服务能够迅速响应市场的变化，同时也降低了运维的复杂性和成本。

其次，绿色节能将成为新型数据要素基础设施的重要考量因素。随着全球环保意识的不断提高，新型数据要素基础设施必须满足更高的能效标准。通过采用智能能源管理、先进的冷却系统等绿色技术，新型数据要素基础设施能够在保证性能的同时，显著降低能耗和碳排放。此外，服务化趋势也使得数据处理、分析和存储等服务更加便捷和高效，这进一步降低了能源消耗。

再次，在数据处理能力方面，新型数据要素基础设施将拥有更强大的多模态整合能力。对于音频、视频、文字、图片等各种类型的数据，它都能高效地处理和分析。随着人工智能等前沿技术的不断探索和突破，新型数据要素基础设施的处理能力将得到进一步提升，实现更低的能耗和更高的处理效率。

最后，数据共享与交易机制将成为新型数据要素基础设施的重要功能之一。通过推动数据主权和价值互联网机制，新型数据要素基础设施将实现数据的全球化流通和价值最大化。这意味着数据将像商品一样进行交易，拥有明确的权利归属、安全保障和透明的市场规则。这将极大地促进数据的流动和创新应用，同时也保障了数据价值的公平分配和数据生态安全。

综上所述，新型数据要素基础设施正以其分布式、模块化、绿色节能、高效整合、商品化、全球化流通、价值最大化等特点，预示着未来的数字化时代将出现一系列令人瞩目的革新变化。这些变化不仅将优化数据处理效率、推动数字经济的可持续发展，还将促进数据价值的全球化与数据生态的公平、安全。

8.3 推动数据要素基础设施建设与管理的建议与展望

8.3.1 加强数据要素基础设施建设与管理的建议

在数字经济迅速崛起的时代背景下，数据已成为驱动社会进步和经济发展的核心要素。面对这一变革，政府部门在数据要素基础设施的建设与管理中，所扮演的角色愈发关键。为了确保数据要素基础设施的稳健发展，并有效支撑数字经济的持续繁荣，政府部门需要采取一系列前瞻性、系统性的措施。

（1）战略规划的深化与细化。

政府部门应将数据要素基础设施作为推动区域发展的重要引擎，纳入整体战略规划之中。这需要具备前瞻性的眼光，能够准确把握数字经济的发展趋势，并结合国家和地方实际情况，制定详尽、具体的战略规划。在规划中，不仅要考虑基础设施的升级、技术选型等硬件层面的问题，还要充分考虑规模预测、安全保障、人才配置等软件层面的问题。通过全面规划，确保数据要素基础设施的建设与产业发展需求高度契合，为数字经济的长远发展奠定坚实基础。

（2）标准化平台的打造与推广。

在数据要素基础设施的建设中，标准化平台的打造至关重要。政府部门应引导资金、技术和人才等资源，集中力量建设具有高兼容性、高可扩展性的数据平台。这样的平台应能够支持多系统、多标准接口的接入，实现数据的互联互通。同时，平台还应具备强大的数据处理和分析能力，能够支持复杂的数据分析和应用需求。在平台的建设过程中，还应注重平台的推广和应用，鼓励企业和研究机构等各方积极参与，共同推动数据的共享和流通。

（3）数据治理体系的完善与升级。

数据治理是数据要素基础设施建设的核心环节。应建立健全数据治理机制，覆盖数据的全生命周期管理。从数据的采集、处理、存储、分析到销毁，每一个环节都需要有严格的规范和制度保障。应推动数据分类、标签化、权限控制等工作的深入开展，确保数据的准确、安全、合法使用。同时，还应加强数据质量的保障和数据隐私保护，避免数据泄露和滥用等风险。通过完善的数据治理体系，为数字经济的健康发展提供有力保障。

（4）公私合作的推动与共享机制的建立。

在数据要素基础设施的建设中，公私合作是不可或缺的力量。政府部门应营造开放合作的氛围，鼓励企业、研究机构等各方参与数据要素基础设施的建设与管理。通过建立相关政策与机制，如数据交易市场机制等，明确数据产权归属和流通规则，鼓励企业、研究机构之间进行数据流通和共享。这样的机制将有助于资源的高效利用和创新的加速推进，降低小规模团队的成本压力，并推动市场活力的释放。同时，相关部门还应加强数据共享文化的培育和传播，提高各方对数据共享的认识和参与度。

综上所述，相关政府部门在数据要素基础设施的建设与管理中应发挥关键作用。通过深化战略规划、打造标准化平台、完善数据治理体系以及推动公私合作与共享机制等措施的实施，将能够推动数据要素基础设施的高效建设与有效管理，为数字经济的健康发展提供有力支撑。

8.3.2 培养数据思维，推动数字经济发展

在数字经济时代，数据不仅是推动社会进步和经济发展的核心要素，更是一种全新的思维方式和决策工具。数据行业从业者作为推动数字经济

发展的中坚力量，应积极培养数据驱动的决策思维，利用数据洞察市场趋势，优化公共服务，推动政策创新。这不仅是对数据行业从业者能力的新要求，更是推动数字经济深度融入经济社会、实现可持续发展的必然选择。

（1）数据思维的重要性。

数据思维，即以数据为核心，通过收集、分析、解读和应用数据来指导决策和行动的一种思维方式。在数字经济时代，数据思维的重要性愈发凸显。通过数据思维，数据行业从业者可以更加准确地把握市场需求、预测发展趋势、评估政策效果，从而作出更加科学、合理的决策。同时，数据思维还有助于打破传统思维的束缚，激发创新活力，推动经济社会的全面进步。

（2）加强人才队伍建设，提升数据行业从业者的数据素养。

培养数据思维需要有一支具备数据素养的行业从业者队伍作为支撑。因此，相关部门应重视人才队伍建设，加强对行业从业者的数据素养培训。这包括提高行业从业者的数据收集、处理、分析和应用能力，以及培养他们的数据意识和数据伦理思想。通过系统的培训和实践，行业从业者能够熟练掌握数据分析工具和方法，具备运用数据思维解决实际问题的能力。

（3）鼓励跨部门、跨行业的数据合作。

数据思维的普及与实践需要跨部门、跨行业的数据合作作为支撑。应积极推动政府、企业、研究机构等各方之间的数据共享和合作。通过建立数据共享平台、制定数据共享规则、加强数据安全保护等措施，促进数据的流通和应用。同时，还应鼓励企业、研究机构等各方积极参与数据分析和应用创新，共同推动数字经济的全面发展。

（4）打造开放创新文化。

数据思维的普及与实践需要一个开放创新的文化氛围。相关数据管理部门应积极推动打造开放创新文化，鼓励创新、包容失败、尊重知识产权。通过营造宽松的创新环境，激发社会各界的创新活力，推动数字经济领域的创新成果不断涌现。同时，还应加强与国际社会的交流与合作，借鉴国际先进经验和技术成果，推动我国数字经济向国际化发展。

（5）展望未来。

随着数据思维的普及与实践，数字经济将在经济社会中发挥越来越重要的作用。数据行业从业者应积极拥抱数字经济时代带来的机遇和挑战，不断提升自身的数据素养和决策能力。同时，我们也期待在未来的数字经济时代中，看到更多基于数据思维的创新应用和实践成果涌现，为经济社会的全面发展注入新的动力。

参 考 文 献

蔡跃洲，马文君．2021．数据要素对高质量发展影响与数据流动制约[J]．数量经济技术经济研究，38（3）：64-83．

陈志成，王锐．2017．大数据提升城市治理能力的国际经验及其启示[J]．电子政务，（6）：7-15．

葛健，叶涓涓，王丽杰．2022．数字经济体系的构成与演化[J]．商业经济，（10）：124-126．

洪银兴，任保平．2023．数字经济与实体经济深度融合的内涵和途径[J]．中国工业经济，（2）：5-16．

李勃，王建民，段炎斐．2021．新基建：大数据中心时代[M]．北京：电子工业出版社．

李晓华．2019．数字经济新特征与数字经济新动能的形成机制[J]．改革，（11）：40-51．

李学龙，龚海刚．2015．大数据系统综述[J]．中国科学：信息科学，45（1）：1-44．

李宗显，杨千帆．2021．数字经济如何影响中国经济高质量发展？[J]．现代经济探讨，（7）：10-19．

罗文．2014．智慧城市诊断评估模型与实践[M]．北京：人民邮电出版社．

沈昌祥，张焕国，冯登国，等．2007．信息安全综述[J]．中国科学（E 辑：信息科学），（2）：129-150．

盛立．2014．新加坡智慧城市建设经验探讨[J]．信息化建设，（8）：16-17．

史丹．2022．数字经济条件下产业发展趋势的演变[J]．中国工业经济，（11）：26-42．

滕连帅．2007．新加坡推行电子政务的经验和启示[D]．长春：吉林大学．

王陈慧子，蔡玮．2022．元宇宙数字经济：现状、特征与发展建议[J]．大数据，8（3）：140-150．

王冬梅．2012．新加坡“未来学校”的实践探索及其对我国的启示[J]．外国教育研究，39（4）：38-45．

王家耀．2012．智慧让城市更美好[J]．自然杂志，34（3）：139-142．

王胜利，樊悦．2020．论数据生产要素对经济增长的贡献[J]．上海经济研究，（7）：32-39．

王伟玲，吴志刚，徐靖．2021．加快数据要素市场培育的关键点与路径[J]．经济纵横（3）：39-47．

王元放．2007．新加坡电子政务成功经验及对我国的启示[J]．电子政务，（11）：89-93．

习近平．2021．努力成为世界主要科学中心和创新高地[J]．共产党员，（8）：4-7．

习近平．2022．不断做强做优做大我国数字经济[J]．先锋，（3）：5-7．

熊巧琴，汤珂．2021．数据要素的界权、交易和定价研究进展[J]．经济学动态，（2）：143-158．
闫德利．2022．数字经济的内涵、行业界定和规模测算[J]．新经济导刊，（4）：63-72．
杨正洪．2014．智慧城市：大数据、物联网和云计算之应用[M]．北京：清华大学出版社．
赵宸宇，王文春，李雪松．2021．数字化转型如何影响企业全要素生产率[J]．财贸经济，42（7）：114-129．
钟铃．2016．新加坡智慧城市建设的经验及启示——以河南济原市城市建设为例[J]．吉林工程技术师范学院学报，32（3）：12-15．
祝烈煌，高峰，沈蒙，等．2017．区块链隐私保护研究综述[J]．计算机研究与发展，54（10）：2170-2186．
ANGELIDOU M. 2014. Smart City Policies: A Spatial approach[J]. Cities, 41: S3-S11.
ANGELIDOU M. 2017. The Role of Smart City Characteristics in the Plans of Fifteen Cities[J]. Journal of Urban Technology, 24(4): 3-28.
Kent E. Calder, 2016. Singapore: Smart City, Smart State[M]. USA: Brookings Institution Press.
MIKLOSIK A, EVANS N. 2020. Impact of Big Data and Machine Learning on Digital Transformation in Marketing: A Literature Review[J]. IEEE Access, 8: 101284-101292.
PURON-CID G B R. 2015. Smart City: How to Create Public and Economic Value with High Technology in Urban Space[J]. International journal of e-planning research, 4(2): 74-76.

后　　记

在本书的最后，我们不禁要回首这本书的写作历程，以及它背后的故事和深意。这本书，不仅是对数据要素基础设施在数字经济时代作用的深入剖析，更是对未来数据要素基础设施发展的一种期许和展望。

一、写作背景与过程

随着信息技术的飞速发展，数字经济已成为全球经济增长的重要引擎。在这个过程中，数据要素作为信息时代的“新石油”，其重要性愈发凸显。然而，数据要素的流动与应用并非无懈可击，其背后需要强大的基础设施作为支撑。正是基于这样的认识，我们开始了这本书的撰写。

在写作的初期，我们面临了诸多挑战。如何准确定义数据要素基础设施？如何全面剖析其建设路径？如何确保数据的真实性、合法性与安全性？这些问题都摆在了我们面前。为了解答这些问题，我们查阅了大量的文献资料，与众多专家学者进行了深入的交流和探讨。通过不断的学习和思考，我们逐渐形成了对数据要素基础设施的深刻理解和全面认识。

在撰写过程中，我们注重理论与实践的结合，深入分析了国内外数据要素基础设施建设的成功案例和经验，提炼出了其中的经验。同时，我们也结合了自己的思考和见解，对数据要素基础设施的未来发展趋势进行了预测和展望。这些内容不仅丰富了本书的理论体系，也使其更具实践指导意义。

二、致谢

在本书的撰写过程中，我们得到了许多人的帮助和支持。首先，要感谢那些为我们提供宝贵意见和建议的专家学者。他们的专业知识和深刻见解为我们的写作提供了有力的支持，没有他们的帮助和指导，这本书是无法完成的。

其次，我们要感谢同事张国东、吴碧云、韩慈等人在本书写作的过程中与我们共同探讨思路，分享资源，他们的热情与敬业精神为这本书的创作注入了动力和活力。

最后，我们要感谢所有读者，是你们的关注和支持让这本书得以传播和分享。我们希望这本书能够为你们提供有益的参考和指导，帮助你们在数字经济时代更好地理解和把握数据要素基础设施的重要性。

三、对未来数据要素基础设施发展的个人见解与期望

展望未来数据要素基础设施的发展，我们认为将会呈现以下趋势。

首先，随着技术的不断进步和应用场景的不断拓展，数据要素基础设施将会更加智能化、自动化和高效化。这将为数据的采集、存储、处理、传输和应用等环节提供更加便捷和高效的支持。

其次，随着数据的爆发式增长和流通需求的不断增加，如何确保数据的真实性、合法性与安全性将成为未来数据要素基础设施建设的重中之重。我们需要不断完善数据治理机制，加强政策法规的制定和执行，提升数据安全意识和技术水平，以确保数据的安全与稳定。

最后，随着数字经济的深入发展，数据要素基础设施将会更加开放、共享和协同。政府、企业和社会各界需要共同合作推动数据资源的互联互通和共享利用，以充分发挥数据要素在经济社会发展中的重要作用。

在这个过程中我们期望看到更多的创新实践和技术突破，为数据要素基础设施的发展注入新的活力和动力。同时我们也期望看到更多的专家学者和从业者能够加入到这个领域中来，共同推动数字经济时代繁荣发展。